职业教育"十二五"规划教材——计算机类专业

办公软件实训教程

第 2 版

主 编　陈颖　李华

副主编　杜世龙

参 编　左旭楠　黄金颖　李　媛

　　　　陈　明　牛春姣　赵　丹

U0252876

机械工业出版社

本书采用任务教学和案例教学相结合的编写方式，以简明、通俗的语言和生动真实的项目及案例详细地介绍了 Microsoft Office 2010 系列办公软件在日常办公自动化工作中的应用。全书共 5 篇，分别讲述 Word、Excel、PowerPoint、Access 和 Outlook。在每个案例中包括教学指导和学习指导 2 部分。在学习指导中又包括任务、知识点、操作步骤、我来试一试及我来归纳。

　　本书采用双色印刷，美观易读，简明易懂，重点突出，操作简练，内容丰富实用，可操作性强，可以作为各类职业院校计算机及相关专业的教材，也可以作为计算机应用培训班教材或办公自动化软件操作人员的实用技术手册。

　　本书配有授课用电子课件及案例素材，可登录机械工业出版社教材服务网（www.cmpedu.com）以教师身份免费注册下载或联系编辑（010-88379194）咨询。

图书在版编目（CIP）数据

办公软件实训教程/陈颖，李华主编. —2 版. —北京：机械工业出版社，2013.3（2018.8 重印）

职业教育"十二五"规划教材——计算机类专业

ISBN 978-7-111-41482-7

Ⅰ．①办…　Ⅱ．①陈…②李…　Ⅲ．①办公自动化—应用软件—职业教育—教材　Ⅳ．①TP317.1

中国版本图书馆 CIP 数据核字（2013）第 030097 号

机械工业出版社（北京市百万庄大街22号　邮政编码100037）
策划编辑：梁　伟　责任编辑：李绍坤
版式设计：霍永明　责任校对：赵　蕊
封面设计：马精明　责任印制：李　昂
三河市宏达印刷有限公司印刷
2018 年 8 月第 2 版第 6 次印刷
184mm×260mm·16.25 印张·402 千字
14001—15900 册
标准书号：ISBN 978-7-111-41482-7
定价：39.00 元

第2版前言

本书采用任务教学和案例教学相结合的编写方式，以简明通俗的语言和生动真实的项目及案例详细地介绍了 Microsoft Office 2010 系列办公软件在日常办公自动化工作中的应用。

本书第 1 版出版后，在职业学校教学、职业培训等领域广泛被选用为教材，也得到了广大办公自动化自学者的好评。应出版社及广大读者的要求，编者在第 1 版的基础上进行了修订，软件版本由 Microsoft Office 2003 升级到 Microsoft Office 2010，保留了原书的特色，保留了原书的编排模式和基础案例。

本书中的所有案例是以一个学生——豆子的视角进行展开，对这些项目和案例的设计力求突出其代表性、典型性和实用性，任务设计灵活多样。这些项目和案例既能贯穿相应的知识体系，又能与实际工作紧密联系，使学生不仅能够学习知识技能，而且将技能应用到实际工作中，让技能为办公自动化工作的实际需要服务。

为了充分发挥任务驱动和案例教学在组织教学方面的优势，提倡"实用、适用、先进"的编写原则和"通俗、精练、可操作"的编写风格，本书采用了新的编写思路，即分为：教学指导、学习指导两部分，学习指导又由任务、知识点、操作步骤、我来试一试及我来归纳组成。通过任务（联系实际应用，展示案例效果，提出任务）、操作步骤（上机实践，完成任务）、我来归纳（回顾知识要点和关键技能）、我来试一试（与案例相关的重要知识）进行举一反三；在"任务"部分从实际工作出发提出任务案例，展示案例效果，激发学生的学习兴趣和求知欲；然后通过"任务"展开任务分析，由读者以分组讨论的方式分析任务的要求和特点，找到完成任务的方法；"操作步骤"环节则给出了完成任务的正确而简便的操作方法，指导读者在上机实训中熟练掌握操作要领；在完成任务后，"我来归纳"回顾案例中的知识要点和关键技能；最后，"我来试一试"根据所学内容给出一定数量的实践题（类似的设计任务）。上机实践题突出重点、难度适中，并在必要之处对完成任务的思路给出提示，使读者能较好地掌握知识要点并能用于完成类似的任务。

本书非常适合教师及学生使用，整个案例设计像教案而非教案，配有相关练习。

本书由陈颖、李华担任主编，杜世龙担任副主编，参与编写的还有左旭楠、黄金颖、李媛、陈明、牛春姣和赵丹。

由于编者水平有限，书中难免出现疏漏和错误之处，希望专家和读者朋友及时指正。

编　者

第1版前言

本书采用任务教学和案例教学相结合的编写方式，以简明通俗的语言和生动真实的项目及案例详细地介绍了 Microsoft Office 2003 系列办公软件在日常办公自动化工作中的应用。

本书中的所有案例是以一个学生——豆子的视角进行展开，对这些项目和案例的设计力求突出其代表性、典型性和实用性，任务设计灵活多样。这些项目和案例既能贯穿相应的知识体系，又能与实际工作紧密联系，使学生不仅能够学习知识技能，而且将技能应用到实际工作中，让技能为办公自动化工作的实际需要服务。

为了充分发挥任务驱动和案例教学在组织教学方面的优势，提倡"实用、适用、先进"的编写原则和"通俗、精练、可操作"的编写风格，本书采用了新的编写思路，即分为：教学指导、学习指导两部分，学习指导又由任务、知识点、操作步骤、我来试一试及我来归纳组成。通过任务（联系实际应用，展示案例效果，提出任务）、操作步骤（上机实践，完成任务）、我来归纳（回顾知识要点和关键技能）、我来试一试（与案例相关的重要知识）进行举一反三；在"任务"部分从实际工作出发提出任务案例，展示案例效果，激发学生的学习兴趣和求知欲；然后通过"任务"展开任务分析，由读者以分组讨论的方式分析任务的要求和特点，找到完成任务的方法；"操作步骤"环节则给出了完成任务的正确而简便的操作方法，指导读者在上机实训中熟练掌握操作要领；在完成任务后，"我来归纳"回顾案例中的知识要点和关键技能；最后，"我来试一试"根据所学内容给出一定数量的实践题（类似的设计任务）。上机实践题突出重点、难度适中，并在必要之处对完成任务的思路给出提示，使读者能较好地掌握知识要点并能用于完成类似的任务。

本书非常适合教师及学生使用，整个案例设计像教案而非教案，有相关练习，教师不用再四处寻找练习题。

本书由陈颖负责统稿，具体分工为：第1篇由李华、李明锐、高鹏、编写；第2篇由陈颖、杜世龙编写；第3篇由李岩、于海鑫编写；第4篇由黄霄、宋丽萍、赵东伟编写。

由于编者水平有限，书中难免出现疏漏和错误之处，希望专家和读者朋友及时指正。

编　者

目 录

第 1 篇 　文字处理（Word 2010）

球球发言

豆子我最近光荣地成为了一名校报小编。这天，主编大人威严地对我说："豆子，你要想成为一名出色的编辑，就要先精通 Office 中的 Word。""何谓 Office？何谓 Word？真让我犯难!!! 我得赶紧向专家球球请教一下。"

豆子：什么是 Office？

球球：Microsoft Office 是由微软生产的一系列产品。它们通常包括：Word（文字处理软件）、Excel（电子制表软件）、Outlook（个人信息管理和通信软件）、PowerPoint（幻灯片软件）等及一些附加工具（如 Photo Editor、活页夹和系统信息等）。

豆子：噢，我明白了，那什么是 Word，它有哪些功能呢？

球球：Word 2010 是微软公司的 Office 2010 组件之一，是 Office 中最受欢迎的组件。Word 是一个功能强大的文档处理系统，除了进行文字处理、表格处理和图文混排等，还可以用来轻松创建 Web 页，编辑任意的电子邮件，甚至编写一些可以进行交互的小程序。Word 具有界面友好、操作方便、所见即所得等特点，广泛应用于日常文字处理、图书排版、制作各类函件和报表之中，是实现办公无纸化不可多得的工具之一。

❖ **本篇重点**

1）了解 Word 的基本知识。
2）熟悉 Word 文档的操作。
3）认识 Word 文档中格式的使用。
4）Word 文档图文混排的使用。
5）Word 文档表格的使用。
6）邮件合并与录制宏的使用。
7）Word 长文档排版。

第一次亲密接触——初识 Word 2010

【教学指导】

由建立简单的 Word 文件引入，讲授启动 Word 2010、建立和保存 Word 文件的方法；了

解 Word 窗口的组成和常用格式工具栏的使用，使学生可以初步建立并管理 Word 文件。在此基础上了解 Word 2010 的新增功能。

【学习指导】

 任务

今天我接到一项光荣的任务，创建一个 Word 文件。这对于从未接触过 Word，不知"Word"为何物的我来说着实有点为难，不过我可是勇往直前、战无不胜的"时代勇士"，等着瞧吧，我一定要成为"Word 高手"！

今天的工作：启动 Word 2010，录入以下文字内容，并且以文件名"第一.docx"保存在"My Documents"文件夹下。

样文：第一.docx

我 爱 电 脑

电脑是人类的朋友；电脑是我们的伙伴；电脑更是人们日常生活中不可缺少的工具！我爱电脑，所以我要更加努力地学习电脑知识！

 知识点

一、启动 Word 2010 的常用方法

1）选择"开始"→"所有程序"→"Microsoft Office"→"Microsoft Office Word 2010"命令。

2）双击桌面上的"Ｗ"快捷图标。

3）双击任何一个 Word 文件。

4）找到应用程序"WinWord.exe"的位置，双击应用程序图标启动。

一般应用程序"WinWord.exe"的安装位置为"C:\Program Files\Microsoft Office\Office14\WinWord.exe"。

二、Word 2010 的窗口组成

在 Word 2010 中，选择某一选项卡即可切换至对应的选项卡，如"开始""插入"等。在 Word 2010 中新增了"文件"按钮，"新建""保存"等基本操作均在其中。Word 2010 的工作窗口如图 1-1 所示。

1．快速访问工具栏

快速访问工具栏包括"保存""撤销""恢复"段落格式快速设置等按钮，如图 1-2 所示。常规的快捷操作可以通过单击快速访问工具栏中的按钮来完成。单击快速访问工具栏右侧的扩展按钮还可以自定义快速访问工具栏，如图 1-3 所示，在弹出的菜单中选择需要添加的项目即可，已添加的项目前会显示"√"。

2．功能区

功能区中显示的内容与用户选择的选项卡是相对应的，需要什么功能切换至相应的选项

卡即可。Word 2010 的功能区分类与 Word 2003 不同，具体如图 1-4 所示。

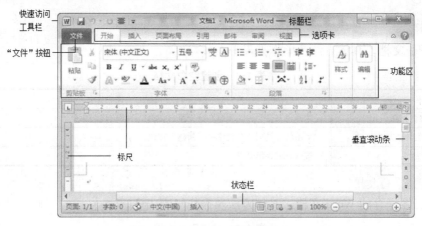

图 1-1　Word 2010 的窗口组成

图 1-2　快速访问工具栏

图 1-3　添加快速访问按钮

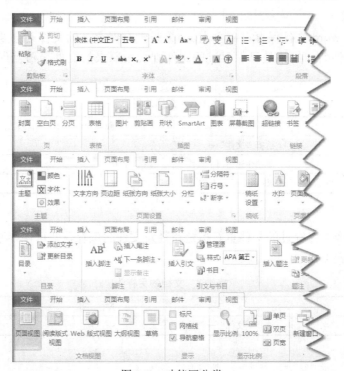

图 1-4　功能区分类

3

三、创建和打开 Word 文档

1．创建文档

创建空白文档，具体方法及操作见表1-1。

表1-1　创建空白文档

方　　法	操　　作
"文件"按钮方法	选择"文件"→"新建"→"空白文档"→"创建"命令
快速访问工具栏方法	单击快速访问工具栏中的"新建"按钮
快捷键方法	按<Ctrl+N>组合键

2．打开原有文档

打开已经保存的 Word 文档，具体方法及操作见表1-2。

表1-2　打开原有文档

方　　法	操　　作
"文件"按钮方法	选择"文件"→"打开"命令
快速访问工具栏方法	单击快速访问工具栏中的"打开"按钮
快捷键方法	按<Ctrl+O>组合键
直接打开文件法	对一个已有的 Word 文件双击或单击鼠标右键选择"打开"命令直接打开

四、文档的保存与关闭

1．文档的保存

将内存中的 Word 文件保存在磁盘上。如果是没有保存过的文件则会要求指定所要保存文件的路径及文件名；如果是已保存过的文件则会按原来的文件名覆盖保存。具体方法及操作见表1-3。

表1-3　文档的保存

方　　法	操　　作
"文件"按钮方法	选择"文件"→"保存"命令
快速访问工具栏方法	单击快速访问工具栏中的"保存"按钮
快捷键方法	按<Ctrl+S>组合键

2．文档的另存为

对于保存过或未保存过的文件重新指定路径及文件名保存，即可保存原文件的备份。具体方法及操作见表1-4。

表1-4　文档的另存为

方　　法	操　　作
"文件"按钮方法	选择"文件"→"另存为"命令

3．文档的关闭

其作用是关闭当前的 Word 文档，但不关闭 Word 应用程序。具体方法及操作见表1-5。

表 1-5　文档的关闭

方　　法	操　　作
"文件"按钮方法	选择"文件"→"关闭"命令
快捷键方法	按<Ctrl+ F4>组合键

五、退出 Word 系统

退出 Word 环境，返回到操作系统。具体方法及操作见表 1-6。

表 1-6　退出 Word 系统

方　　法	操　　作
"文件"按钮方法	选择"文件"→"退出"命令
快速访问工具栏方法	单击标题栏右侧的"关闭"按钮
快捷键方法	按<Alt+F4>组合键

六、Word 2010 的新增功能

Word 2010 与早期的版本相比，新增了部分功能，使用起来更加方便，例如，更完美的图片格式设置功能、SmartArt 图形类型、"导航"窗格、屏幕截图等。下面重点介绍这几个新增功能。

1. 更完美的图片格式设置功能

Word 2010 增强了设置图片格式的功能，例如，删除图片的背景、更改图片的颜色、设置图片的艺术效果、增强的图片样式设置等，使设置格式后的图片更加完美。图片工具的"格式"选项卡如图 1-5 所示，用户可以通过相应的操作对图片进行设置。

图 1-5　图片工具的"格式"选项卡

2. SmartArt 图形类型

Word 2010 为用户提供了多种类型的 SmartArt 图形，用户可以轻松快捷地得到所需的专业的图形效果。"选择 SmartArt 图形"对话框如图 1-6 所示，其中包含了多种类型可供用户选择。

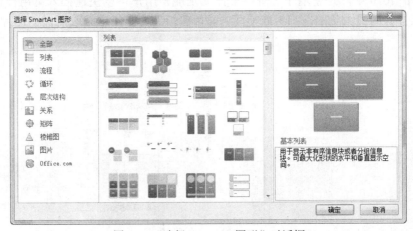

图 1-6　"选择 SmartArt 图形"对话框

3. 快速查看文档的"导航"窗格

"导航"窗格显示在窗口左侧，包括"浏览您的文档中的标题""浏览您的文档中的页面""浏览您当前搜索的结果"3 个选项卡，如图 1-7 所示。在 Word 2010 中，用户可以通过"导航"窗格迅速轻松地应对长文档。通过拖放各个部分而不是通过复制和粘贴，用户可以轻松地重新组织文档。

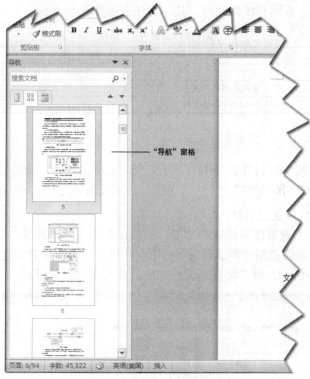

图 1-7　文档的"导航"窗格

4. 屏幕截图

在 Word 2010 中，还新增了"屏幕截图"功能，用户可以快速插入可用视窗（即除本文档以外已打开的最大化的窗口）或使用"屏幕剪辑"功能任意截取所需的图片，如图 1-8 所示。

图 1-8　"屏幕截图"功能

操作步骤

1）启动 Word 2010。

2）录入文字内容。

3）选择"文件"→"保存"命令或相应的快捷方式，指定保存路径为"My Documents"，输入文件名为"第一.docx"。

我来试一试

1）在"My Documents"文件夹下建立以自己的姓名命名的文件夹。

2）打开文件"第一.docx"，选择"另存为"命令将"第一.docx"以文件名"练习一.docx"保存于姓名文件夹下。

3）尝试使用"开始"选项卡中的字体、字号、字体颜色、居中、字符底纹等按钮，将录入的文字简单排版成以下格式，如图 1-9 所示。

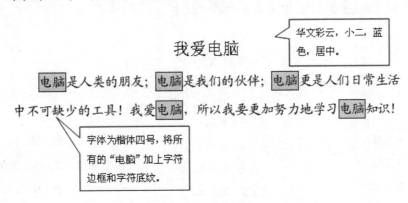

图 1-9　排版样式

4）存盘退出，关闭 Word 应用程序，进入姓名文件夹下，查看文件是否存在。

5）再次分别打开"练习一.docx"及"第一.docx"，切换任务栏上的两个文件，观察两个文件的异同。

6）使用"屏幕截图"功能，对比排版文档进行截图，以"屏幕截图.docx"存于姓名文件夹下。

我来归纳

在修改了一篇文章后，如果要覆盖原有的文章，可以选择"保存"命令；若想让这篇文章与原文章同时存在，可以选择"另存为"命令。Word 2003 及以前的版本默认存储文档的扩展名为".doc"，从 Word 2007 开始默认的扩展名变为".docx"，新版本可以兼容老版本的文档格式。

替换的魅力——文档的输入与编辑

【教学指导】

由生成新文件的任务引入，演示讲授文档的输入、选定、编辑、查找和替换的方法，使学生达到可以自由地组合，替换 Word 文档的目的。

【学习指导】

任务

近日豆子的邮箱收到两篇写乱的文章，如图 1-10 和图 1-11 所示。原来是网友听说我初学 Word，想让我组合成绕口令，如图 1-12 所示，且不能直接修改。嘿嘿！想来考验我的水平，这怎能难倒"Word 高手"，且看我如何将它搞定。

追兔

有个小孩叫小杜，

上街打醋又买布。

买了布，打了醋，

文档一

回头看见鹰抓兔。

有个小孩叫小杜，

放下布，搁下醋，

文档二

上街打酒又买梨。

上前去追鹰和兔，

放下梨，搁下酒，床前明月光，

买了梨，打了酒，

飞了鹰，跑了兔。

上前去追鹰和兔，疑是地上霜。

回头看见鹰抓兔。

洒了醋，湿了布。

飞了鹰，跑了兔。举头望明月，

洒了酒，湿了梨。低头思故乡。

图 1-10　文件"4_2_1.docx"　　图 1-11　生成的新文件"追兔.docx"　　图 1-12　文件"4_2_2.docx"

知识点

一、输入文本

1. 移动光标

在 Word 文档中录入文字时，可以发现当前窗口总有一条闪烁的竖线，这条竖线称为插入点光标，它指示当前输入文字的位置。用户可以按"上""下""左""右"键或单击鼠标来移动光标，从而改变输入文字的位置。如果要换行则可以按<Enter>键。

2. 添加文本

当发现输入的内容有遗漏时，可以将插入点光标移动到遗漏位置，直接输入文字，如图 1-13 和图 1-14 所示。

我们学习 WORD. |

我们正在学习 WORD.

图 1-13　添加文本前的文件　　　　图 1-14　添加文本后的文件

3．撤销错误操作

当发现操作步骤有错误时，可以使用撤销操作来进行更正。

（1）执行撤销操作的方法

1）快速访问工具栏方法——单击快速访问工具栏上的""按钮。

2）快捷键方法——按<Ctrl+Z>组合键。

（2）多级撤销

单击"撤销"按钮旁边的箭头，可弹出如图 1-15 所示的最近执行的操作的下拉列表，向下移动下拉列表框并单击要撤销的操作，可实现所选择操作的撤销，即多级撤销。

（3）撤销恢复

在撤销操作后，快速访问工具栏上的"　"按钮变得有效，此时可以单击"恢复"按钮对撤销过的操作重新恢复。

图 1-15　多级撤销

二、选定文本

在对一段文本进行编辑和格式化等操作前，往往要选定文本。选定文本的示例如图 1-16 所示，其中被选中的部分多以蓝色为背景。当鼠标移至任意正文的最左侧空白处，鼠标变为形状时，鼠标所指的区域称为文本选定区。

文档二

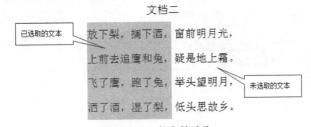

已选取的文本

放下梨，搁下酒，窗前明月光，

上前去追鹰和兔，疑是地上霜。

飞了鹰，跑了兔，举头望明月，

洒了酒，湿了梨，低头思故乡。

未选取的文本

图 1-16　文本的选取

选取文本的常用方法见表 1-7。

表 1-7　选取文本的方法

选 定 范 围	说 　 明
选定任意文本	把鼠标指针移到选取的字符前，按住左键拖曳到字符的末尾进行选择
选定一行	单击该行左侧的文本选定区
选定整句	按住<Ctrl>键，同时在句子的任意处单击鼠标
选定一个段落	将鼠标移至段落内，3 击鼠标。或双击该段落左侧的文本选定区
选定整篇文档	按<Ctrl+A>组合键，或 3 击文本选定区，或按住<Ctrl>键并单击文本选定区
选定垂直文本块	按住<Alt>键，同时拖曳鼠标
取消选定	在选定的位置上，再单击即可

三、编辑文本

1．删除文本

选中所要删除的文本后，按<Delete>键删除文本。删除文本后，依然可以使用撤销操作进行恢复。

2．移动文本

以下两种方法均可以移动文本。

1）选中→剪切→光标移至目标位置→粘贴。

2）选中→拖曳到目的地→释放。

3．复制文本

以下两种方法均可以复制文本。

1）选中→复制→光标移至目标位置→粘贴。

2）选中→<Ctrl>+拖曳到目的地→释放。

四、文本的查找和替换

在输入 Word 文档时，要改正文档中重复出现的输入错误（如多次将"醋"输入成了"酒"）。逐个进行修改，不仅速度慢，还可能会有遗漏，为此 Word 2010 提供了"查找"和"替换"功能。

1．文档的查找

查找的方法：单击"开始"选项卡中"编辑"选项组中" 查找 "右侧的" ▾ "按钮，在下拉列表中选择"查找"，此时弹出如图 1-17 所示的"查找和替换"对话框，单击"查找"选项卡，在"查找内容"中输入要查找的文本（如"酒"），此时在文档中查找到的第一处将高亮显示，若想继续查找，可继续单击"查找下一处"按钮。如果直接单击"查找"按钮，则会在文档左侧出现一个"导航"窗格，在"导航"窗格的文本输入框中直接输入要查找的文本，此时文档中所有相关文本均会以黄色底纹显示，需要切换到哪个，单击下面的搜索结果列表即可。

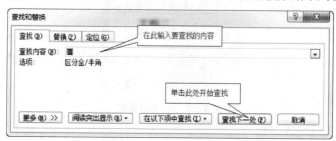

图 1-17 "查找"选项卡

2．文档的替换

替换的方法：单击"开始"选项卡中"编辑"选项组中的"替换"按钮或按<Ctrl+H>组合键，此时弹出如图 1-18 所示的对话框，单击"替换"选项卡，在"查找内容"中输入要查找的文本（如"酒"），在"替换为"中输入将要替换的文本（如"醋"），最后再单击"替换"按钮，此时在文档中第一处被查到的文本将被替换；如果单击"全部替换"按钮，则所有被查找到的文本将全部被替换。

注意：在"查找与替换"对话框中单击"更多"按钮，出现如图 1-19 所示的对话框。使用"更多"选项，可以设定替换的格式及特殊字符。替换的格式如字体、段落和样式等；替换的特殊字符如段落标记、分栏符和省略号等。例如，可以将文章中的"酒"字替换成"红色、赤水情深"形式的"醋"字。

图 1-18 "替换"选项卡

图 1-19 带"更多"选项的"查找和替换"对话框

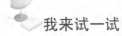 操作步骤

1）打开"Word 学习\2"文件夹中的文档"4_2_1.docx"及"4_2_2.docx"。

2）新建一个 Word 文件。

3）选中文档"4_2_1.docx"中除"文档一"三个字外的其他文本，将它们复制到新建的 Word 文件中。

4）使用"选定垂直文本块"的方法选定文件"4_2_2.docx"中如图 1-16 所示的部分，再使用复制的方法将选定的内容粘贴到新建的 Word 文件中。

5）在新建文件中添加标题"追兔"。

6）单击"开始"选项卡中"编辑"选项组中的"替换"按钮，在"查找内容"中输入"酒"，在"替换为"中输入"醋"，单击"全部替换"按钮，完成将文章中的所有"酒"替换成了"醋"。

7）再次单击"开始"选项卡中"编辑"选项组中的"替换"按钮，在"查找内容"中输入"梨"，在"替换为"中输入"布"，单击"全部替换"按钮，完成将文章中的所有"梨"替换成了"布"。

8）选择"文件"→"保存"命令，输入文件名"追兔.docx"，保存在个人姓名文件夹下。

至此，一首绕口令诞生了，同时也成功完成了对 Word 文章的修改。

我来试一试

1）打开"Word 学习\2"文件夹中的文件"白雪公主.txt"。

2）新建一个 Word 文档，将"白雪公主.txt"中从标题"《白雪公主》"到"所以王后给她取了个名字，叫白雪公主。"的段落复制到新建的 Word 文档中。

3）去掉标题中的"《》"号，使用开始选项卡设定新建 Word 文档中的标题为：华文行楷，二号，红色，居中。

4）将"正在为""望去""皮肤""像这窗""像雪一"后面的回车符去掉，使文章如下文所示成 3 段。

5）将正文所有的内容设为：仿宋，小四。

6）查找文章中所有的"雪"将它们替换成蓝色"Snow"。

7）将文章的第二段"她若有所思地……"移动成为最后一段。

8）以文件名"白雪公主.docx"保存在个人姓名文件夹下。

样文：

白雪公主

严冬时节，鹅毛一样大的 Snow 片在天空中到处飞舞着，有一个王后坐在王宫里的一扇窗子边，正在为她的女儿做针线活儿。寒风卷着 Snow 片飘进了窗子，乌木窗台上飘落了不少 Snow 花。她抬头向窗外望去，一不留神，针刺进了她的手指，红红的鲜血从伤口流了出来，有三滴血滴落在飘进窗子的 Snow 花上。

她的小女儿渐渐长大了，小姑娘长得水灵灵的，真是人见人爱，美丽动人。她的皮肤真的就像 Snow 一样的白嫩，又透着血一样的红润，头发像乌木一样的黑亮。所以王后给她取了个名字，叫白 Snow 公主。

她若有所思地凝视着点缀在白 Snow 上的鲜红血滴，又看了看乌木窗台，说道："但愿我小女儿的皮肤长得白里透红，看起来就像这洁白的 Snow 和鲜红的血一样，那么艳丽，那么娇嫩，头发长得就像这窗子的乌木一般又黑又亮！"

 我来归纳

查找替换时，如果要使用"更多"选项设定替换的格式，则一定要将光标移到"替换为"，对话栏中再设定格式，否则，格式就设在了"查找内容"选项中，无法完成查找替换。此时，可以把光标移到"查找内容"处单击"不限定格式"按钮来清除"查找内容"中设定的格式，再进行替换就可以成功。

 案例3

一封家书——文档的初级格式化

【教学指导】

通过制作"一封家书"来学习字体、段落、边框和底纹等字符的格式化操作，从而达到对文稿的基本排版要求。

【学习指导】

任务

转眼离开家已有几个月了，豆子有些想家了，给家里写封信汇报一下学习情况吧。请看我制作的"一封家书"，如图 1-20 所示。

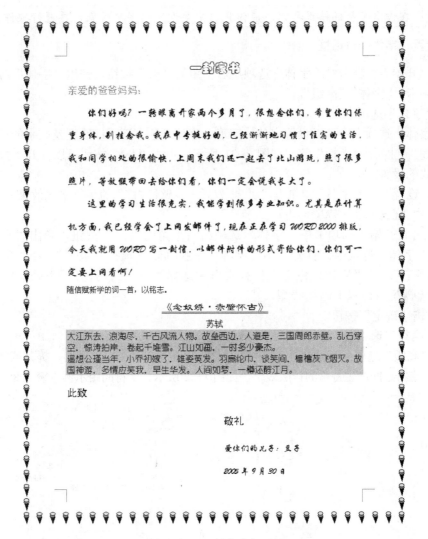

图 1-20　"一封家书"示例

知识点

"一封家书"的制作，主要使用 Word 文档的格式化功能，如字体、段落、边框和底纹等，这些格式化的设置也是今后对各种文档进行编辑排版时最为常用的功能。

13

一、字体格式化

1. 设定字体格式的方法

1）选项卡方法——在"开始"选项卡的"字体"选项组中单击"字体"下拉列表。

2）快捷方法——选中文本后，会在选中的文本的右上角处出现快捷菜单。

3）快捷键方法——按<Ctrl+D>组合键。

> 注意：在设定字符的格式之前，应该先选中要设定的字符对象，再进行操作。

2. 设置"字体"对话框

单击"开始"选项卡中"字体"选项组右下角的" "按钮，弹出"字体"对话框，包括 2 个选项卡："字体""高级"。

（1）"字体"选项卡

在"字体"选项卡中可以设置字体、字形、字体颜色、下画线线型及文字的一些效果，如"删除线""上标""下标"等，如图 1-21 所示。单击" ▼ "按钮可以打开下拉列表框进行字体格式的设置。

例如，设置"一封家书"中第五段"《念奴娇·赤壁怀古》"的字符格式效果，步骤如下。

1）选中"《念奴娇·赤壁怀古》"。

2）单击"开始"选项卡中"字体"选项组右下角的" "按钮，弹出"字体"对话框，选择"字体"选项卡。打开"中文字体"下拉列表框选择"隶书"；在"字号"选项中选择"小三"；在"字体颜色"下拉列表框中选择"蓝色"；打开"下画线线型"下拉列表框，选择第四种双下画线线型。

3）单击"确定"按钮。

（2）"高级"选项卡

使用"高级"选项卡可以设置字符的缩放比例，还可以调整字符间距、提升或降低字符的位置等，使字符之间产生特殊的排版效果，如图 1-22 所示。字符间距示例见表 1-8。

图 1-21 "字体"选项卡

图 1-22 "高级"选项卡

表1-8　字符间距示例

正常字符	正常字符	正常字符
缩放66%的字符	间距加宽 1.5 磅	字符提升 3 磅
缩放 150%的字符	间距紧缩5磅	字符降低 3 磅

另外，Word 2010 还新增了 OpenType 功能来对文本进行微调，用户可以与任何 OpenType 字体配合使用这些新增功能，以便为录入的文本增添更多丰富的效果。纯文本与使用了 OpenType 功能的文本的对比图，如图 1-23 所示。

（3）文本效果

Word 2010 为用户提供了更丰富的文本效果，如"文本填充""文本边框""轮廓样式""阴影""映像""发光和柔化边缘""三维格式"等，如图 1-24 所示。进行文本效果的设置后，能够使文本更具有艺术性，更加醒目和美观。

图 1-23　OpenType 功能使用前后对比图　　　　图 1-24　"设置文本效果格式"对话框

使用了文本效果后的显示效果如图 1-25 所示。

> 注意：OpenType 功能和文本效果在兼容模式下是无法使用的，在使用这两个功能前要先确认文档的格式。另外，OpenType 功能只能适用于 OpenType 字体，常见的 OpenType 字体包括 Microsoft ClearType Collection 中的字体 Calibri、Cambria、Candara、Consolas、Constantia 和 Corbel 等。

图 1-25　文本填充、阴影等效果应用于文本

二、段落格式化

在 Word 文字处理软件中，以按<Enter>键作为一个段落的结束，即"↵"符号标志一个段落的结束。单击"开始"选项卡中"段落"选项组中的"显示/隐藏编辑标记"按钮，可以

显示或隐藏段落标记符号"↵"。

设定段落格式的方法：

选项卡方法——单击"开始"选项卡中"段落"选项组中相应的按钮。

注意：在对多个段落进行段落格式设置之前，需要首先选择要进行设置的段落，否则段落格式的设置只对当前光标所在的段落有效。

单击"开始"选项卡中"段落"选项组右下角的"▫"按钮，弹出如图1-26所示的"段落"对话框。可以通过此对话框来设置段落的行距、段间距、段落缩进和对齐方式等。

图1-26 "段落"对话框

1．设置行距

1）选定要设置行距的段落。

2）在图1-26所示的"行距"下拉列表框中，可以选择"单倍行距""1.5倍行距""最小值"和"固定值"等，如果选择"最小值""固定值""多倍行距"之一，则需要在"设置值"文本框中选择或输入具体的数值。

3）单击"确定"按钮。

2．设置段间距（即两个段落之间的距离）

1）选定要设置段间距的段落。

2）在如图1-26所示的"段前""段后"项中输入或选择具体的数值。

3）单击"确定"按钮。

3．设置段落缩进

段落缩进是指段落与页边距之间的距离，包括左缩进，右缩进及首行缩进等。缩进前和缩进后的文章分别如图1-27和图1-28所示。

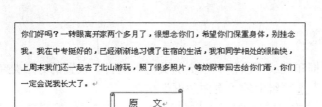

图 1-27　缩进前的文章

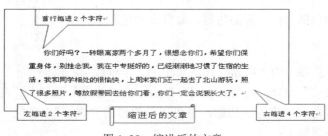

图 1-28　缩进后的文章

1）左、右缩进：左、右缩进可以设置整个段落相对左、右页边界缩进的字符数。设置方法是在如图 1-26 所示的"缩进"所对应的"左侧""右侧"文本框中输入或选择数值，再单击"确定"按钮。

2）首行缩进：首行缩进是指在一个段落中第一行的缩进格式。设置方法是在如图 1-26 所示的"特殊格式"所对应的下拉列表框中选择"首行缩进"，再在"磅值"所对应的文本框中输入或选择数值，再单击"确定"按钮即可。

3）悬挂缩进：与首行缩进正好相反，是指在段落中除第一行外的其余各行都缩进。设置的方法与"首行缩进"设置方法相同，只是在"特殊格式"所对应的下拉列表框中选择"悬挂缩进"。

注意：还可以拖动水平标尺中的缩进标记按钮来进行缩进设置，如图 1-29 所示。

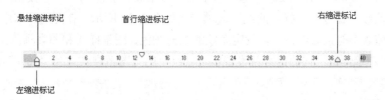

图 1-29　标尺的缩进标记

4．对齐方式

段落的对齐方式是指文本以何种方式与左、右缩进对齐。可以在"开始"选项卡中"段落"选项组中单击相应的按钮或在如图 1-26 所示的"对齐方式"下拉列表框中进行选择。

注意：如果要求设置段落的格式单位与 Word 系统给出的单位不符合，例如，要求设置缩进"0.75 厘米"而系统默认的是"2 字符"，则可以手动修改文本框中的单位，即手动输入"0.75 厘米"。

三、边框和底纹

对文档设置边框和底纹可以使文档更加美观、醒目。设置的方法是单击"页面布局"选项卡中"页面背景"选项组中的"页面边框"按钮。

> 注意：边框和底纹的应用范围可以是文字，也可以是段落。选择应用范围为"文字"时，只在有文字的地方加边框和底纹，选择应用范围为"段落"时，整个段落都加上边框和底纹。

边框和底纹项包括边框、页面边框、底纹 3 个选项卡。

1. 边框

单击"开始"选项卡中"段落"选项组中的"下框线"右侧的"▾"按钮，在下拉列表中选择"边框和底纹"命令，出现如图 1-30 所示的"边框"选项卡。在此选项卡中，可以对选中的文字、段落或表格等加边框，也可以对边框的"线型""颜色"和"宽度"等进行设置，边框效果举例如下：

| 方框型文字边框 | 阴影型文字边框 | 三维型文字边框 |

如果想取消文字或段落的边框，则只要在选中有边框的文字或段落后，在如图 1-30 所示的"设置"项中选取"无"选项即可。

2. 页面边框

页面边框主要是设置整个页面的边框。设置方式与"边框"选项卡的设置基本相同，只是多了一个"艺术型"选项设置。使用"艺术型"页面边框可以让页面设置更具有独特的魅力，如在"一封家书"中整个页面"▼"图案就是使用"页面边框"来设置的。

3. 底纹

单击"开始"选项卡中"段落"选项组中的"下框线"右侧的"▾"按钮，在下拉列表中选择"边框和底纹"命令，选择"底纹"选项卡，如图 1-31 所示。在此选项卡中，可以对选中的文字、段落或表格等加底纹；可以设定底纹的填充颜色、图案样式和图案颜色。例如，在"一封家书"中，"赤壁怀古"词的内容就设置了"底纹"的"图案样式"为"10%"的效果。

图 1-30 "边框"选项卡

图 1-31 "底纹"选项卡

四、复制格式的小技巧：格式刷的使用

使用"常用"工具栏上的可以快速地将设置好的文本格式复制到其他文本上，使用方法如下。

1）选定设置好格式的文本。

2）单击或双击 格式刷 按钮。

3）将鼠标移到目标文本（要设置格式的文本）上，选中目标文本即可复制格式。

4）返回"常用"工具栏，单击 格式刷 按钮取消格式复制。

> 注意：在方法2）中，如果单击 格式刷 按钮，则只可以复制格式一次，不需要使用方法4）；如果双击 格式刷 按钮，则可以复制格式多次，此时需要使用方法4）。

 操作步骤

1）打开"Word 学习\3"文件夹下的文件"一封家书.docx"，使用"文件"→"另存为"命令。

2）以"家书.docx"为文件名保存在姓名文件夹下。

3）单击"页面布局"选项卡中"页面背景"选项组中的"页面边框"按钮，选择"页面边框"选项卡，设定页面边框为"艺术型"的第五种（不包括"无"）。

4）选中标题"一封家书"，设为：华文彩云，小二，蓝色，居中对齐。

5）选中正文的第一段"亲爱的爸爸妈妈"，设为：黑体四号，玫瑰红。

6）选中正文的第二段和第三段，设为：华文行楷，四号，首行缩进2字符，单倍行距。

7）在"《念奴娇·赤壁怀古》"及"苏轼"后分别按<Enter>键，使之单独成为第五段及第六段。

8）选中正文的第五段，设为：加双下画线，居中对齐，隶书，小三，字体颜色为蓝色。

9）选中正文的第六段，设为：宋体，小四，颜色为黑色，居中对齐。

10）选中正文的第七段和第八段，将词的内容的格式设为：幼圆，小四，深红色。单击"开始"选项卡中"段落"选项组中的"下框线"右侧的"▼"按钮，在下拉列表中选择"边框和底纹"命令，选择"底纹"选项卡，设置图案样式为"10%"。

11）选中正文的第九段和第十段，将"此致敬礼"的格式设为：黑体四号，段前段后各0.5行。

12）最后设定署名和日期的格式为：华文行楷，小四。

> 注意：以上没有提到的设置项均在"开始"选项卡中的"字体"选项组及"段落"选项组中设定。

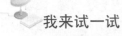 我来试一试

1）打开"Word 学习\3"文件夹下的文件"4_3_1.docx"，以文件名"字体格式.docx"保

存在个人姓名文件夹下，并按下列样文设置字符格式。

样文：字体格式.docx

五号宋体	三号楷体	二号隶书	小三黑体
宋体加粗	*倾斜*	<u>双下画线</u>	字符底纹
字距加宽 1.5 磅	字距紧缩1磅	字符加框	~~加双删除线~~
三号设置上标	四号设置下标	字符提升	字符降低
发光字效果	隶二空心	三号缩放80%	小五缩放 150%

2）打开"Word 学习\3"文件夹下的文件"4_3_2.docx"，以文件名"名落孙山.docx"保存在个人姓名文件夹下，并按样文设置文档格式。

① 设置字体及颜色：第一行，黑体；正文第四段和第六段，华文行楷，蓝色；最后一行，隶书。

② 设置字号：第一行，小三；正文第四段、第六段，四号；最后一行，小四。

③ 设置字形：第一行，粗体。

④ 设置对齐方式：第一行，居中；最后一行，右对齐。

⑤ 设置段落缩进：正文第四段、第六段首行缩进 0.75 厘米，左右各缩进 1.6 厘米；正文第一、二、三、五、七段首行缩进 0.75 厘米。

⑥ 设置行（段）间距：标题"名落孙山"，段后 12 磅；正文第四段，行距为"最小值"，14 磅；正文第二、三段段前、段后各 3 磅。

⑦ 设置正文第四段底纹：填充，白色；图案样式，10%，颜色，金色；应用范围，文字。

⑧ 设置文本效果：第一行，设置文字发光效果；第六段，设置右上对角透视效果。

样文：名落孙山.docx

名 落 孙 山

在我国宋朝的时候，有一个名叫孙山的才子，他为人不但幽默，而且很善于说笑话，所以附近的人就给他取了一个"滑稽才子"的绰号。

有一次，他和一个同乡的儿子一同到京城，去参加举人的考试。放榜的时候，孙山的名字虽然被列在榜文的倒数第一名，但仍然是榜上有名，而那位和他一起去的那位同乡的儿子，却没有考上。

不久，孙山先回到家里，同乡便来问他儿子有没有考取。孙山既不好意思直说，又不便隐瞒，于是，就随口念出两句不成诗的诗句来：

"解元尽处是孙山，贤郎更在孙山外。"

解元，就是我国科举制度所规定的举人第一名。而孙山在诗里所谓的"解元"，乃是泛指一般考取的举人。他这首诗全部的意思是说：

"举人榜上的最后一名是我孙山，而令郎的名字却还在我孙山的后面。"

从此，人们便根据这个故事，把报考学校或参加各种考试，没有被录取，叫做"名落孙山"。

摘自《寓言故事》

我来归纳

设置字符和段落的格式时，必须先选定要格式化的字符或段落再设置；设置边框和底纹时，选择的范围（"文字"或"段落"）不同，排版效果也不同。

案例 4　小编成长记（一）——文档的特殊格式化

【教学指导】

通过制作校报文章来学习页面设置、插入符号、分栏、首字下沉等字符的格式化操作，从而达到简单的文本报排要求。

【学习指导】

任务

由于我的 Word 学习成绩出众，被聘为校报编辑。今天学长老编交给我美文一篇，嘱我排版，且看我小编如何操作：制作如图 1-32 所示的排版效果图。

图 1-32　任务制作效果

知识点

一、页面设置

在对文稿排版前，首先应设置纸张及页面的情况。

页面设置的方法：

1）选项卡方法——单击"页面布局"选项卡中"页面设置"选项组中相应的按钮。

2）快捷方法——双击水平或垂直标尺的空白处。

1. 设置纸型

Word 2010 默认页面纸型是 A4 纸（21cm×29.7cm），纵向。修改纸型的方法是在"页面设置"对话框中选择"纸张"选项卡，出现如图 1-33 所示的对话框。

可以在"纸张大小"下拉列表框中选择 A3、B4、B5、信函、16 开和 32 开等纸型，也可以在"宽度""高度"文本框中直接输入尺寸自定义纸张的尺寸；在"预览"框中观看页面的整体效果，选择后，单击"确定"按钮即可。

2. 设置页边距

"页边距"即文档边界到纸张边界的距离。设置"页边距"的方法是在"页面设置"对话框中选择"页边距"选项卡，如图 1-34 所示。

在"页边距"选项卡中可以设置上、下、左、右页边距的距离；也可以设置装订线的位置；若选中"对称页边距"可按双页的方式对称左、右侧边距；若选中"拼页"选项可按双页的方式对称上、下边距；可在"方向"单选框中设置纸张方向；在"预览"框中可以观看页面的整体效果。

图 1-33 "纸张"选项卡

图 1-34 "页边距"选项卡

二、插入符号和特殊符号

有时在 Word 文档中会用到一些符号或特殊符号，如样文中的"○""✂"符号等，可以使用 Word 提供的插入符号和特殊符号的功能。

插入符号和特殊符号的方法：

1）选项卡方法——单击"插入"选项卡中"符号"选项组中相应的按钮。

2）软键盘方法——使用输入法的软键盘输入符号。

1．选项卡方法插入符号

单击"插入"选项卡中"符号"选项组中的"符号"按钮，出现如图 1-35 所示的"符号"对话框。选择"符号"选项卡，可以通过"字体"和"子集"找到符号所在的位置，选中符号后，单击"插入"按钮即可完成符号的插入；选择"特殊字符"选项卡，可以插入"段落标记""省略号""节"等特殊字符。

2．软键盘方法输入符号

使用输入法状态显示条上的软键盘输入符号的方法。输入法的软键盘如图 1-36 所示。右击软键盘按钮，弹出如图 1-37 所示的 13 种输入符号菜单，选择相应的符号项目，即可插入符号。

图 1-35 "符号"对话框

图 1-36 输入法的软键盘

图 1-37 软键盘的输入符号菜单

三、首字下沉

将 Word 文档某一段的第一个字放大数倍称为"首字下沉"。例如，样文第一段的"台"

字就属于首字下沉。这种排版格式常见于书刊、报纸。

首字下沉的设置方法：单击"插入"选项卡中"文本"选项组中的"首字下沉"按钮，弹出如图1-38所示的"首字下沉"对话框。在此对话框中可以设置下沉的位置、下沉首字的字体、下沉行数、距正文的距离等。取消首字下沉，只要选定下沉的段落后，在首字下沉"位置"选项中选择"无"即可。

图1-38 "首字下沉"对话框

注意：首字下沉的设置通常放在字体、段落等常规格式的设置之后，否则可能会影响到其他格式的设置效果。

四、分栏

在杂志、书刊、报纸的排版中，多用到分栏。Word 2010可以将整篇文档按同一格式分栏，也可以按不同的格式分栏，如样文中的最后两段就用到了分栏。

1. 设置分栏的方法

选项卡方法——单击"页面布局"选项卡中"页面设置"选项组中的"分栏"按钮，出现如图1-39所示的"分栏"对话框。

2. 设置分栏的步骤

1）选中要分栏的段落。

2）设置分栏的方式、栏数、栏宽和间距、是否加分隔线等。

3）单击"确定"按钮。

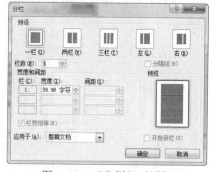

图1-39 "分栏"对话框

取消分栏只要选定已分栏的段落，在如图1-39所示的"分栏"对话框中，设置"预设"选项为"一栏"即可。

注意：如果要分栏的段落是文档的最后一段，则为避免出现右空栏的现象，在选定段落时不要选择最后一段的"↵"符号。

操作步骤

1）打开"Word学习\4"文件夹下的文件"幸福没有排行榜.docx"，使用"文件"→"另存为"命令以"幸福.docx"为文件名保存在姓名文件夹下。

2）单击"页面布局"选项卡中"页面设置"选项组右下角的"⌐"按钮，打开"纸张"选项卡，设置纸型为"自定义"类型，设置宽为18厘米、高为20厘米；打开"页边距"选项卡，设置纸张的上、下、左、右边距均为3厘米。

3）选中"如果幸福也有一个排行榜，你会让哪一种幸福排在榜首？"，复制到标题之前。选中复制后的文字，设置字体格式为：楷体，小四，深灰蓝，居中。单击"开始"选项卡中

"段落"选项组中的"边框和底纹"按钮，在"边框"选项卡中设置为：方框型，线型为第四种，宽度为 1 磅，应用范围为文字。

4）设置标题。在标题"幸福没有"之后插入一个空格符；选中全部标题，设置格式为：居中，加粗，蓝色，2 倍距；选中字符"幸福没有"，设置格式为：华文行楷，小三号；选中字符"排行榜"，设置格式为：幼圆，小二；字符降低 7 磅，加浅黄色底纹。

5）插入符号。将光标移到作者之前，单击"插入"选项卡中"符号"选项组中的"符号"按钮，在"符号"选项卡中的字体中选择"标准字体"，子集选择"CJK 符号和标点"，"插入"符号"〇"；光标分别移到最后两段之前，单击"插入"选项卡中"符号"选项组中的"符号"按钮，在"符号"选项卡中的字体中选择"Wingdings"，插入符号"✂"。

6）选中作者，设置字体格式为：楷体，五号，居右，行距最小值 15 磅，段后 0.5 行。

7）选中正文 1～4 段，设置格式为：首行缩进 2 字符；选中第一段和第二段，设置字体格式为：楷体，小四；选中第二段，设置段落格式为：段后 0.5 行。选中第三段和第四段，设置字体格式为：仿宋，小四。

8）查找替换。选中正文后两段，单击"开始"选项卡中"编辑"选项组中的"替换"按钮，在"查找内容"中输入"幸福"，在"替换为"中输入"幸福"，设置替换格式为：字体颜色为粉红，并加着重号。搜索范围为向下，单击"全部替换"按钮完成替换。

9）分栏。选中正文后两段，单击"页面布局"选项卡中"页面设置"选项组中的"分栏"按钮，分两栏，栏宽默认，加分隔线。

10）首字下沉。将光标移至第一段，单击"插入"选项卡中"文本"选项组中的"首字下沉"按钮，设置位置为"下沉"，下沉行数为 2 行。

11）保存文件，完成设置。

我来试一试

1）在个人文件夹下建立文件"禁止吸烟.docx"，自由设置纸张类型及字体字号，为办公室设计"禁止吸烟"标志，如图 1-40 所示。

2）打开"Word 学习\4"文件夹下的文件"灰姑娘.txt"文件，使用"另存为"命令以文件名"灰姑娘.docx"保存个人姓名文件夹下，并按样文设置文档格式。

禁止吸烟

图 1-40　设计"禁止吸烟"标志

3）将页面设置为 A4 纸，上、下、左、右边距分别为 2、2、2、2 厘米，页眉、页脚距边界分别为 1.5、1.5 厘米。页面边框为艺术型自选，阴影类型，宽度自定义。

4）删除文件的后半部分，保存到前三段。

5）将标题的书名号去掉，设为隶书，二号字，自由设置文字效果，居中，多倍行距：3。

6）将所有的文字设为首行缩进两个字符，段前段后各 0.5 行。

7）将第一段与第三段设为华文行楷，蓝色，小三号字；第二段设为隶书，倾斜，四号字，海绿色。

8）将第三段设为三栏，并加分隔线；将第一段设为首字下沉 2 行、距正文 0.5 厘米。

9）在第二段首插入符号"☆"（标准字体|制表符中查找），第三段首插入符号"♣"（字体 Symbol 中查找）。

10）将文章中所有的"妻子"替换为"WIFE"，并设为"红色，着重号"字体模式。

样文：灰姑娘.docx

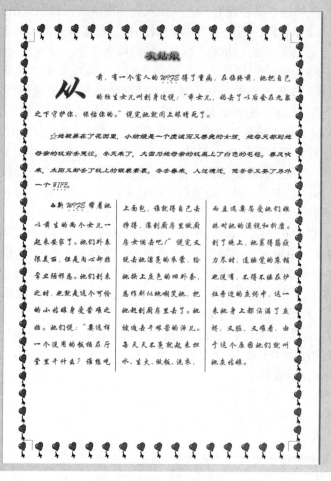

我来归纳

设置字符和段落的格式时，应该按照先整体再局部、先常规再特殊来设置。即先设置字体、段落等常规格式，再设置首字下沉、分栏等特殊格式。

案例 5 小编成长记（二）——文档的高级格式化

【教学指导】

通过制作并打印两页校报文章来学习拼写检查、视图模式、页眉页脚、插入分页符、打印预览、打印等操作，达到可以对中等难度文本的排版要求。

【学习指导】

任务

今日老编看了本人的排版稿，连赞我才华出众，正当我洋洋得意之时，他又塞给我一篇文章说："将这篇中的错误改正一下，与你上次的那篇一起输出吧。""改错？这对我还不是小菜一碟！"低头一看，竟然全是英文！"晕！"忽然间我灵机一现，可以请 Word 帮忙嘛。它的制作效果如图 1-41 所示，并打印输出。

图 1-41　任务制作效果

知识点

一、拼写和语法检查

对于文档中可能存在的英文单词的拼写错误、中英文语法或写作风格错误，Word 2010 提供了拼写和语法检查功能。

1. 拼写和语法检查的方法

1）选项卡方法——单击"审阅"选项卡中"校对"选项组中的"拼写和语法"按钮。

2）快捷键方法——按<F7>键。

2. 拼写和语法检查的步骤

1）选定要进行拼写和语法检查的段落，如不选择，则从当前光标位置开始检查。

2）按<F7>键或单击"审阅"选项卡中"校对"选项组中的"拼写和语法"按钮，出现如图 1-42 所示的对话框。错误的单词出现在"不在词典中"，下面的"建议"框中给出更改建议。单击"忽略一次"或"全部忽略"按钮不对当前单词或所有单词更改；单击"添加到词典"按钮会将当前单词添加到词典中；单击"更改"或"全部更改"按钮可以对当前单词或所有错误单词更改；选择"检查语法"复选框，则检查语法是否有误。

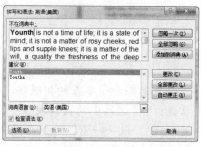

图 1-42 "拼写和语法"对话框

3）单击"确定"按钮完成拼写和语法检查。

3．设置拼写和语法检查项

设置方法：选择菜单"文件"→"选项"命令，选择"校对"选项，出现如图 1-43 所示的对话框，可以进行拼写和语法的设置，完成自动检查拼写和语法功能。

1）选中"键入时检查拼写"和"键入时标记语法错误"复选框。

2）清除"只隐藏此文档中的拼写错误"和"只隐藏此文档中的语法错误"复选框。

3）单击"确定"按钮。

这样，在输入英文或汉字时，Word 就会自动检查拼写和语法，拼写错误用红色下画波浪线标出，语法错误用绿色下画波浪线标出，在错误单词处单击鼠标右键就可以更正单词。

图 1-43 设置拼写和语法

二、视图模式

Word 2010 显示文档的方式称为视图模式。视图模式有页面视图、阅读版式视图、Web 版式视图、大纲视图和草稿 5 种。视图模式不会改变文档本身，只是显示效果有所不同。

切换视图方式的方法：

1）选项卡方法——单击"视图"选项卡中"文档视图"中的相应按钮。

2）快捷方法——单击 Word 状态栏中的"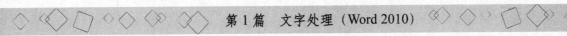"按钮切换。

1．页面视图

默认的视图模式。以分页方式显示文档，显示的效果与打印的效果几乎完全相同，所见即所得。

2．阅读版式视图

是进行了优化的视图，以便于在计算机屏幕上阅读文档。在阅读版式视图中，用户还可以选择以文档在打印页上的显示效果进行查看。

3．Web 版式视图

为使用户浏览联机文档和制作 Web 页提供的视图方式，能够仿真 Web 页来显示文档。

4．大纲视图

可以折叠文档，只查看标题，便于了解文档的结构和重新组织文档。

5．草稿

一种基本的显示方式，不显示页面的排版效果，页与页之间用分页线分隔，只显示文本及其格式，不显示文本框中的其他对象，如图片。

三、设置页眉和页脚

打印在文本每页顶部或底部的文字、图形等称为页眉或页脚。它可以是页码、日期、标题、公司名称等内容，使文档更具特色。

1．设置页眉、页脚的方法

选项卡方法——单击"插入"选项卡中"页眉和页脚"选项组中的"页眉"或"页脚"按钮。

2．设置页眉、页脚的步骤

1）单击"插入"选项卡中"页眉和页脚"选项组中的"页眉"和"页脚"按钮，其中，页眉和页脚分别内置了 37 种模板，如果不需要模板的样式设置也可以选择"编辑页眉"或"编辑页脚"命令，则此时正文呈浅色显示，进入页眉或页脚编辑区，如图 1-44 所示。

2）输入页眉或页脚的内容。可以在页眉或页脚的编辑区中直接输入文字或插入图片，也可以单击"页眉和页脚"功能区中的工具按钮输入页码、日期、时间或插入"自动图文集"等内容。输入后可以设定字符的格式，可以按<Tab>键或空格键等来调整字符的位置。

3）页眉与页脚区之间的切换。在进入页眉或页脚编辑状态后，选项卡标签中会自动添加"页眉和页脚工具设计"选项卡，如图 1-45 所示。在此选项卡的功能区中单击"转至页眉"或"转至页脚"按钮就可以实现页眉和页脚之间的切换。

4）单击"页眉和页脚工具设计"选项卡功能区右侧的"关闭页眉和页脚"按钮返回到文本输入状态，此时页眉和页脚区变成浅色。

> 注意：1）只有在页面视图模式或打印预览状态下页眉和页脚才可见，其他视图模式不可见页眉和页脚。2）要删除页眉和页脚，只要进入页眉和页脚编辑状态，选中后按<Delete>键删除即可。

办公软件实训教程

在此位置输入页眉并设置格式

图 1-44　页眉编辑区

图 1-45　"页眉和页脚工具设计"选项卡

四、插入页码

除了在页眉、页脚中插入页码外，还可以单击"插入"选项卡中"页眉和页脚"选项组中的"页码"按钮来插入页码。

单击"插入"选项卡中"页眉和页脚"选项组中的"页码"按钮，出现如图 1-46 所示的下拉列表，在"页面顶端""页面底端""页边距"和"当前位置"四个选项中分别内置了不同数量的页码样式模板，选择相应的模板即可在相应位置添加页码；选择"设置页码格式"命令，出现如图 1-47 所示的"页码格式"对话框，可以设置页码的格式。

要删除页码，首先要进入页眉或页脚编辑区，选中后，按<Delete>键即可删除。

图 1-46　插入页码选项

图 1-47　"页码格式"对话框

五、插入分隔符

Word 2010 提供手动插入分页符、换行符、分栏符、分节符等分隔符。设置的方法是移动光标至要插入分隔符的位置，再单击"页面布局"选项卡中"页面设置"选项组中的"分隔符"按钮，出现如图 1-48 所示的分隔符插入列表。各种分隔符的功能如下。

分页符：文本强制另起一页。

换行符：文本强制另起一行。

分栏符：文本另起一栏排版。

分节符：文本分成下一节，可在下一节设置与上一节不同的排版格式（如页面设置等）。

六、打印

排版好的文档可以打印输出。

打印方法：

选项卡方法——选择"文件"→"打印"命令。

选择"文件"→"打印"命令，弹出如图 1-49 所示的打印选项，可以设置打印机类型、页面范围、打印内容和打印份数等，单击"确定"按钮开始打印。打印选项右侧即为预览栏，可以预览需要打印的文稿，拖动预览栏右下角的滑块，可以调整预览页面的大小。

图 1-48　分隔符插入列表　　　　　　图 1-49　打印选项

 操作步骤

1）打开"Word 学习\5"文件夹下的文件"youth.docx"，选择"文件"→"另存为"命令以"英文.docx"为文件名存于姓名文件夹下。单击"审阅"选项卡中"校对"选项组中的"拼写和语法"按钮或按<F7>键，对照"youth 正确文稿"改正"英文.docx"中的错误单词。

2）选择"文件"→"新建"命令或使用快捷方式新建一篇 Word 文档，单击"页面布局"选项卡中"页面设置"选项组中的"纸张大小"和"纸张方向"按钮，设置纸型为：B5、纵向。选择"文件"→"保存"命令，以"校报.docx"保存在姓名文件夹下。

3）打开"Word 学习\5"文件夹下的文件"幸福没有排行榜排版稿.docx"，选中全文复制到"校报.docx"中，移动后两段至第一页，并重新分两栏，加分隔线。选中正文 1~4 段，设置行距为：固定值，27 磅。

4）移动光标至文末，单击"页面布局"选项卡中"页面设置"选项组中的"分隔符"按钮，插入"分页符"，使"校报.docx"成为两页。选中"英文.docx"中的英文文稿部分，复制到"校报.doc"第二页中。

5）设置英文文档格式。标题"YOUTH"的字体为 Comic Sans Ms，三号，居中，蓝色。正文部分设置字体为 Gabriola，三号，首行缩进 2 个字符，设置 OpenType 功能样式集 5，最后一段添加底纹，图案样式为"10%"，无填充色，应用范围为段落，字体颜色为深蓝色。

6）设置页眉和页脚。单击"插入"选项卡中"页眉和页脚"选项组中的"页眉"和"页脚"按钮，页眉输入"校园晨报——美文欣赏"，居右对齐。页脚输入"制作日期"，并插入日期，居右对齐。

7）保存文件；选择"文件"→"打印"命令查看打印效果。

8）在有条件的情况下，选择"文件"→"打印"命令打印文档。

我来试一试

1）新建一篇 Word 文档，以文件名"练习.docx"保存在个人姓名文件夹下。

2）页面设置：纸型为纵向，B5；页边距为上、下、左、右边距均为 2 厘米；页眉为 1.6 厘米；页脚为 1.8 厘米。

3）打开"Word 学习\5"文件夹下的文件"小红帽.txt"，复制标题及前三段文章到"练习.docx"。

4）设置中文格式：

① 将每段设为首行缩进 2 个字符。

② 将标题设为"黑体，二号，居中，红色"。

③ 将正文设为"楷体，小四"。

④ 设置正文为"1.5 倍行距"。

⑤ 将后两段分为两栏，添加分隔线。

5）打开"WORD 学习\5"文件夹下的文件"练习 1.txt"，将文本内容全部复制到中文文章之后。

6）使用"拼写和语法"功能将文中的错误单词依次更正为：knowledge、much、now、much、this。

7）将英文全文首行缩进 2 个字符。添加底纹：10；字体颜色为靛蓝。

8）设置页眉和页脚。添加页眉文字"童话故事"，仿宋，小四；插入页码，并按样文设置页眉格式，添加页脚文字"制作日期："并插入日期，右对齐。

9）保存文件。

样文：小红帽.docx

童话故事　　　　　　　　　　　　　　　　　　　　1

《小红帽》

从前有个可爱的小姑娘，谁见了都喜欢，但最喜欢她的是她的奶奶，简直是她要什么就给她什么。一次，奶奶送给小姑娘一顶用丝绒做的小红帽，戴在她的头上正好合适。从此，姑娘再也不愿意戴任何别的帽子，于是大家便叫她"小红帽"。

一天，妈妈对小红帽说："来，小红帽，这里有一块蛋糕和一瓶葡萄酒，快给奶奶送去，奶奶生病了，身子很虚弱，吃了这些就会好一些的，趁着现在天还没有热，赶紧动身吧。在路上要好好走，不要跑，也不要离

开大路，否则你会摔跤的，那样奶奶就什么也吃不上了。到奶奶家的时候，别忘了说'早上好'，也不要一进屋就东瞅西瞅。"

"我会小心的，"小红帽对妈妈说，并且还和妈妈拉手作保证。

Our knowledge of the universe is growing all the time. Our knowledge grows and the universe develops. Thanks to space satellites, the world itself is becoming a much smaller place and people from different countries now understand each other better.

Look at your watch for just one minute. During that time, the population of the world increased by 259. Perhaps you think that isn't much. However, during the next hour, over 15,540 more babies will be born on the earth.

So it goes .on, hour after hour. In one day, people have to produce food for over 370,000 more mouths. Multiply this by 365. Just think how many more there will be in one year! What will happen in a hundred years?

制作日期：XX-XX-XX

我来归纳

要注意区分页眉、页脚编辑区与文档编辑区，只有在页眉、页脚编辑区时，才能设置并修改文档的页眉、页脚和页码。

案例 6　制作精美诗词鉴赏——项目符号与编号

【教学指导】

通过制作精美诗词鉴赏来学习设置制表位、项目符号和编号的使用方法，达到熟练制作并运用的目的。

【学习指导】

任务

很多文章在排版时要用到相同格式的符号或编号，这些符号或编号是为了使文档的层次结构更清晰、更有条理。今天豆子决定和大家一起来制作如图 1-50 所示的文档。

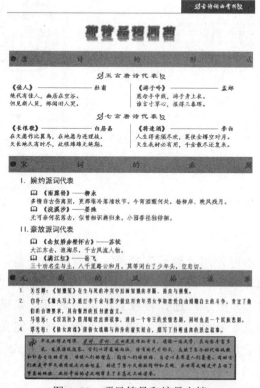

图 1-50　项目符号和编号文档

知识点

一、项目符号和编号

Word 2010 提供项目符号和编号功能，例如，在文档中输入"1"，按<Enter>键后 Word 2010 自动出现"2"，使对文本的排序更加方便。

设置项目符号和编号的方法：

选项卡方法——单击"开始"选项卡中"段落"选项组中的"⠿"或"⠿"按钮。

1. 项目符号

对于不要求顺序的文本可使用项目符号使文本更加美观。设置方法是：首先选中要设置项目符号的文本，单击"开始"选项卡中"段落"选项组中"⠿"右侧的"⯆"按钮，会出现"项目符号库"列表，如图 1-51 所示，选择要设置的项目符号即可。如果没有找到合适的项目符号，则单击"定义新项目符号"按钮，出现如图 1-52 所示的对话框，单击"符号"按钮，出现"符号"对话框，可以选择适合的项目符号。

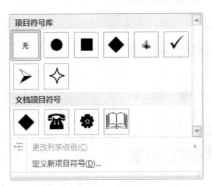

图 1-51 "项目符号库"列表

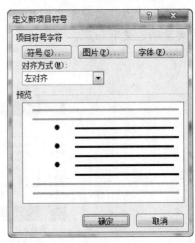

图 1-52 "定义新项目符号"对话框

2. 编号

对于要求顺序的文本可使用"编号"功能。设置的方法是：首先选中要设置编号的文本，单击"开始"选项卡中"段落"选项组中"⠿"右侧的"⯆"按钮，会出现"编号库"的列表，如图 1-53 所示，选择要设置的编号即可。如果没有找到合适的编号，则单击"定义新编号格式"按钮，出现如图 1-54 所示的"定义新编号格式"对话框，可以在此对话框中选择合适的编号格式、编号样式、对齐方式等，设置后单击"确定"按钮即可。

图 1-53 "编号库"列表

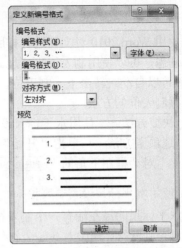

图 1-54 "定义新编号格式"对话框

3．多级列表

对于制作图书目录等可使用"多级列表"来设置。设置的方法是：首先选中要设置多级符号的文本，单击"开始"选项卡中"段落"选项组中"　"右侧的"　"按钮，会出现如图 1-55 所示的多级列表样式列表框，选择需要的多级符号即可。如果没有找到合适的多级符号，则单击"定义新的多级列表"按钮，出现如图 1-56 所示的对话框，设置的方法基本与"编号"的设置相同，但"级别"项要分别设置，即设置完"级别 1"的各项格式后再设置"级别 2"的各项格式，如果后一级别想使用前几级别的编号，则选择"包含的级别编号来自（D）"下拉列表框，选择前几级别后，再单击"确定"按钮即可。

注意：设置多级符号后，要降低或提高文本的符号级别，可单击段落功能区中的"　"（提高级别）或单击"　"（降低级别）按钮来实现。

图 1-55 多级列表样式列表框

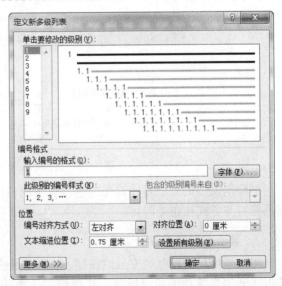

图 1-56 "定义新多级列表"对话框

二、制表位

在使用 Word 2010 对文档进行排版时，经常要用到文本的垂直对齐。如果手动调整效果不是很理想，可以使用制表位来实现。Word 默认制表位的宽度是 0.75 厘米，输入文本时按 <Tab>键可以自动跳转至下一制表位，也可以使用以下方法来设置制表位。

设置制表位的方法：

1）快捷方法——使用水平标尺设置制表位。

2）选项卡方法——单击"开始"选项卡中"段落"选项组右下角的"⬚"按钮，再单击"段落"对话框左下角的"制表位(T)…"按钮。

1．使用水平标尺设置制表位

在水平标尺的最左端有一个制表符对齐方式按钮"⬚"，包括 5 种制表符：左对齐制表符、右对齐制表符、居中对齐制表符、小数点对齐制表符和竖线制表符。单击该按钮可实现不同制表符之间的切换。

使用水平标尺设置制表位的方法是：单击制表符对齐方式按钮，直到出现需要的对齐方式制表位。移动鼠标到水平标尺上需要设置制表位的位置上并单击，在水平标尺上就可出现制表位，重复操作，可在水平标尺的不同位置上设置多个不同的制表位，如图 1-57 所示。

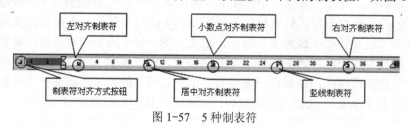

图 1-57　5 种制表符

在水平标尺上设置好制表位后，输入文本时，按<Tab>键输入文本就可实现文本的垂直对齐，如图 1-58 所示。

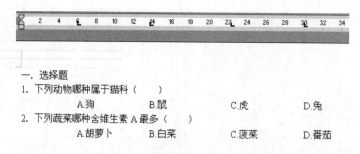

图 1-58　使用制表符对齐选择题答案

删除制表位的方法是：首先选定设置了制表位的段落，再将制表符拖出水平标尺或拖至制表符对齐方式按钮处即可。

2．选项卡方法设置制表位

用水平标尺设置制表位虽然快捷，但位置不够精确，此问题可以使用选项卡方法来解决。单击"开始"选项卡中"段落"选项组右下角的"⬚"按钮，再单击段落对话框左下角的

""按钮，出现如图 1-59 所示的"制表位"对话框。在"制表位位置"文本框中输入制表位的位置；选择"对齐方式"单选框中的一种对齐方式；如果要设置前导符，则可选择一种前导符，否则选择"前导符"单选框为"无"；单击"设置"按钮完成设置，新设置的制表位被添加到"制表位位置"文本框中，重复操作可以设置多个制表位，最后单击"确定"按钮。

如果要删除使用选项卡方法设置的制表位，则只要在如图 1-59 所示的对话框中选中一个制表位，单击"清除"按钮即可；如果要删除所有的制表位，则只要单击"全部清除"按钮即可。

图 1-59　"制表位"对话框

操作步骤

1）打开"Word 学习\6"文件夹下的文件"聊诗品词闻曲原稿.docx"，选择"文件"→"另存为"命令以"聊诗品词闻曲.docx"为文件名保存在姓名文件夹下。

2）页面设置为 A4；页边距为上 2 厘米、下 2 厘米、左 2 厘米、右 2 厘米。

3）设置页眉和页脚：插入"朴素型（奇数页）"样式页眉，并按照如图 1-50 所示的文档完成页眉的设置。

4）把整个标题设置为隶书，加粗，小一号，褐色，字间距加宽 10 磅，居中对齐。其他艺术效果依照自己的喜好任意设置。

5）将小标题"唐诗的形式"设置为楷体，三号，加粗，红色；段落底纹为 10%灰色填充、图案为浅绿色深色网格、段前间距 0.5 行，分散对齐，并在该标题前加上项目符号"❀"，如图 1-50 所示。同时将小标题"宋词的派别""元曲的风格流派"设置成与其相同的格式（注意格式刷的使用）。

6）将小标题"五言唐诗代表"设置为隶书、小三号、加粗、梅红色、阳文效果、居中对齐，并在该标题前后分别插入符号"✍"和"✍"，如图 1-50 所示。同时将小标题"七言唐诗代表"设置成与它相同的格式。

7）将四首唐诗的标题都设置为楷体、小四号、加粗、深黄色，并为其中的两首五言唐诗的标题加上 10%的灰色文字底纹。

8）将四首唐诗的正文都设置为楷体、五号、加粗并倾斜、淡紫色，并为其中的两首七言唐诗的正文加上浅黄色段落底纹。

9）将四首唐诗的正文与各自的标题之间空出 0.5 行间距（段前间距 0.5 行），并设置分

栏的效果，如图 1-50 所示。

10）选中"婉约派词代表"至"三十功名尘与土，八千里路云和月。莫等闲白了少年头，空悲切。"之间所有的文字，将行距设置为 1.5 倍。将副标题"婉约派词代表"设置为华文琥珀、小四号、橘黄色，并在该标题前加上编号"I."（注意字体、字号、颜色和与主标题相对位置的设置）；同时将副标题"豪放派词代表"前加上编号"II."（注意可使用格式刷）。

11）将四首词的标题与正文都设置为宋体、五号、浅橘黄，并将每首词的标题都加粗，在其前面加上项目符号"📖"，颜色为蓝色，注意各自之间的相对位置。

12）将"关汉卿：《窦娥冤》……"至"……描写了扑朔迷离的悬念故事。"之间的文字设置为黑体、五号、海绿色，段前、段后间距都为 0.5 行，并在每段前加上编号样式为"1."、"2."、"3."等编号（注意字体、字号、颜色和与主标题相对位置的设置）。将每段开头的人名设为红色、加粗、加着重号。

13）将最后一段的字体设置为幼圆、小四号，其中"唐诗""宋词""元曲"设置为橘黄色、倾斜，整个段落左右各缩进 3 个字符，并加上 0.75 磅、金色、双线段落边框。段首的"中"作首字下沉的效果，字体为楷体，下沉 3 行，蓝色。

14）打印预览并保存文件。

我来试一试

1）在个人姓名文件夹下建立文件"制表符练习.docx"，在"普通制表符"中作如下设置：在 1、10、20、30 字符处设置制表位，录入如下文样式的文档，第一行设为宋体，小四，加粗，倾斜，加下画线。全文加 10%底纹，应用范围为文字。在"带前导符的制表符"中设置如下：制表符位置为 10 字符，前导符 3，并分两栏，无分隔线。

样文：制表符练习.docx

（1）普通制表符

姓　名	字	号	生卒年份
李　白	太白	青莲居士	701—762
杜　甫	子美	少陵野老	712—770
白居易	乐天	香山居士	772—843

（2）带前导符的制表符

调查表：您的单位所属哪一行业？

生产企业 ------------ □	政府机关 ------------ □
科研院所 ------------ □	保险金融 ------------ □
工商户 -------------- □	学生 ---------------- □
服务行业 ------------ □	电子及通信 ---------- □
贸易 ---------------- □	教师 ---------------- □
教育培训 ------------ □	其他 ---------------- □

2）打开"Word 学习\6"文件夹下的文件"项目符号.docx"，选择菜单"文件"→"另存

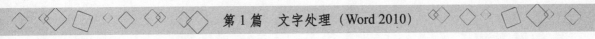

为"命令以"项目符号和编号练习.docx"为文件名保存在姓名文件夹下。设置"网上商店"为蓝色，加下画线，将全文复制4遍，按样文所示设置项目符号和编号，并分两栏。

> 样文：项目符号和编号练习.docx
>
> （1）项目符号练习
>
> 网上商店经营的品种有：
>
> ◆　计算机产品
> ◆　旅游
> ◆　书刊音像电子产品
> ◆　消费性产品
>
> 网上商店经营的品种有：
>
> ☏　计算机产品
> ☏　旅游
> ☏　书刊音像电子产品
> ☏　消费性产品
>
> （2）编号练习
>
> 网上商店经营的品种有：
>
> 1. 计算机产品
> 2. 旅游
> 3. 书刊音像电子产品
> 4. 消费性产品
>
> 网上商店经营的品种有：
>
> 壹. 计算机产品
> 贰. 旅游
> 叁. 书刊音像电子产品
> 肆. 消费性产品

 我来归纳

设置制表位时可以先选定要设置制表位的段落再设置制表位，也可以设置制表位后再录入文本。项目符号和编号与制表位知识点经常用于制作图书目录、考试试卷选择题答案、调查反馈表等。

 案例7 一枚公章——自选图形与艺术字

【教学指导】

通过制作"一枚公章"来学习自选图形、艺术字的设置方法，学会简单的图形制作与处理，培养创新能力。

【学习指导】

图 1-60　电子公章制作效果

任务

表哥近日开了一家公司，要在网上做生意，需要一枚"电子公章"，请豆子帮忙。聪明的我发现原来使用 Word 2010 就可以轻松实现，如图 1-60 所示。

知识点

Word 2010 不仅能够对文档进行格式化处理，还提供了绘制图形、艺术字和文本框等工具，可以设计出丰富多彩的图文混排效果。本节将学习图形处理的有关知识。

一、绘制图形

使用 Word 2010 绘制图形只要单击"插入"选项卡中"插图"选项组中相应的按钮即可，如图 1-61 所示。

图 1-61　"插图"选项组

注意：只有在页面视图下才可以显示所绘制的图形。如果绘制的图形无法显示，则切换到页面视图模式下。

1．绘制图形

使用"绘图"工具在文档中绘制图形的具体步骤：

1）在如图 1-61 所示的"插图"选项组中单击"形状"按钮，在扩展菜单中单击所需要的工具按钮，会发现鼠标指针变为"+"形状。

2）将鼠标指针移动到文档需要的画图处，拖动鼠标可绘出相应的图形。

3）松开鼠标，绘图完成。

2．编辑修改图形

1）选择图形。在对图形编辑修改之前，首先要选择图形。在 Word 2010 中，选择图形很简单，只要在图形对象上单击即可。

2）移动图形。选中图形对象后，图形周围出现 8 个小方框，称为句柄，如图 1-62 所示。移动鼠标指向该图形，当指针出现"✥"形状时，拖动鼠标移动图形到目的位置，松开鼠标，即可完成图形移动。

3）调整图形大小。选中图形对象后，移动鼠标指向该图形，当指针出现"↕、↔、↘、↗"形状时，用鼠标拖动句柄就可以改变图形的大小。也可以在选中图形后，单击鼠标右键出现如图 1-63 所示的快捷菜单，选择"其他布局选项"命令，选择"大小"选项卡，如图 1-64 所

示，即可以精确地设置大小及旋转角度，取消"锁定纵横比"还可以随意设置图片的大小。

4）图形的删除和旋转翻转。要删除图形很简单，只要选中图形对象后，按<Delete>键即可；要旋转图形，只要在选中图形对象后，将鼠标指针移至图形的绿色句柄处，拖动旋转即可；要直接翻转图形，只要在图形对象上单击鼠标右键，在弹出的快捷菜单中单击" 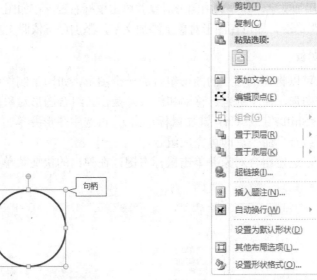 "按钮，选择任何一种旋转方式就可实现图形的旋转和翻转。

图 1-62　图形的句柄　　　　　　图 1-63　右击图形出现的快捷菜单

图 1-64　"大小"选项卡

3. 修饰图形效果

绘制好图形后，可以通过双击图形对象或者"设置形状格式"对话框来修饰图形效果，使图形更加美观。选中图形并单击鼠标右键，在弹出的快捷菜单中选择"设置形状格式"命令，出现"设置形状格式"对话框，选择"颜色和线条"选项卡，出现如图 1-65 所示的"设置形状格式"对话框，可以设置填充图形的"线条颜色""线型""阴影""映像""发光和柔化边缘""三维格式""三维旋转""图片更正""图片颜色""艺术效果""裁剪"等；双击图形对象，可以激活"图片工具格式"选项卡，如图 1-66 所示，在此选项卡的功能区中同样可以对上述参数进行设置，美化图片。

4. 在图形对象上添加文字

在图形对象上添加文字，要先选中图形对象并单击鼠标右键，在如图 1-63 所示的快捷菜单上选择"添加文字"命令，即可在图形对象上添加文字，添加后可依照文本方法设置文字格式。

5. 组合图形对象

组合图形对象可以将几个独立的图形组合成一个图形，如印章制作中就是将自选图形和艺术字组合成一个图形，便于选定、移动和修改等操作。组合图形对象的方法是先选定要组合的多个图形（按<Shift>键或<Ctrl>键加鼠标单击），再选中图形并单击鼠标右键，在弹出的快捷菜单中选择"组合"命令，即可完成组合。

若要取消组合，选定组合对象并单击鼠标右键，在弹出的快捷菜单中选择"取消组合"命令即可取消组合。

图 1-65　"设置形状格式"对话框

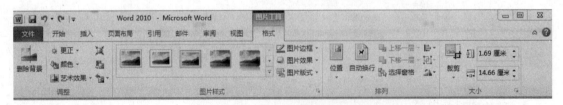

图 1-66　"图片工具格式"选项卡

二、插入艺术字

"艺术字"是 Word 2010 提供的一种图片类文字格式，在文档中插入艺术字，可以使文字具有特殊的视觉效果，使文档更加美观、大方。

1．插入艺术字的方法

单击"插入"选项卡中"文本"选项组中的"艺术字"按钮，出现如图 1-67 所示的艺术字库列表，在其中选择一种艺术字式样，在插入点处即可出现如图 1-68 所示的艺术字文本编辑框，在文本编辑框中输入要编辑的艺术字，可以同时设置"字体""字号""加粗""倾斜"等，完成后按<Enter>键，艺术字就出现在文档中。

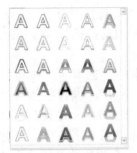

图 1-67　艺术字库列表

请在此放置您的文字

图 1-68　艺术字文本编辑框

2．编辑修改艺术字

编辑修改艺术字前，也要先选中艺术字。双击艺术字后，激活"绘图工具格式"选项卡，如图 1-66 所示。可以使用功能区中的选项来设置艺术字的格式、形状、环绕方式、自由旋转、对齐方式、竖排文字等。需要指出的是，单击"绘图工具格式"选项卡中"艺术字样式"选项组中的"文本效果"下拉列表中的"转换"按钮，出现如图 1-69 所示的艺术字形状列表，单击其中的一种，可以改变艺术字的形状。改变前后的效果对比如图 1-70 所示。

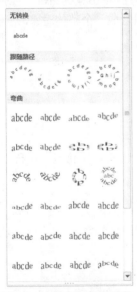

图 1-69　艺术字形状列表

没设置形状前的艺术字

设置正三角形后的艺术字

图 1-70　改变艺术字形状的效果对比

除了使用"艺术字"工具栏编辑修改艺术字外，还可以使用右击快捷菜单的方法来编辑修改艺术字。方法是选中艺术字之后，单击鼠标右键，在弹出的快捷菜单中选择"设置形状格式"命令，同样可以编辑修改艺术字，方法同修改图形的方法相同。

操作步骤

1）绘制正圆。单击"插入"选项卡中"插图"选项组中的"形状"按钮，选择"基本形状"中的"椭圆"。按住<Shift>键在文档中绘制出一个正圆，选中正圆并单击鼠标右键，在弹出的快捷菜单中选择"设置形状格式"命令，选择"填充"颜色为"无填充色"，"线条"颜色为"红色"，"线型"为复合类型第3种，"粗细"为4.5磅；单击"关闭"按钮。选中正圆并单击鼠标右键，在弹出的快捷菜单中选择"其他布局选项"命令，选择"大小"选项卡，设置高和宽均为4.5厘米，单击"确定"按钮。再次选中正圆并单击鼠标右键，在弹出的快捷菜单中选择"置于底层"命令。

2）插入艺术字。单击"插入"选项组中"文本"选项卡中的"艺术字"按钮，选择艺术字为第五行第三列式样，输入文字内容"龙腾四海贸易公司"，设置字体为"楷体"，字号为32或其他。选定艺术字，改变艺术字形状为"上弯弧形"，并放在已经画好的圆内，可以按<Ctrl>键和方向键帮助移动到准确的位置。选中艺术字并单击鼠标右键，在弹出的快捷菜单中选择"设置形状格式"命令，选择"填充"颜色为"红色"，"线条"颜色为"红色"。依此方法设计文字"专用章"和数字"220287003775"。

3）插入五角星。单击"插入"选项卡中"插图"选项组中的"形状"按钮，选择"星与旗帜"中的"五角星"，在文档中画出一个大小适合的五角星。选中五角星并单击鼠标右键，在弹出的快捷菜单中选择"设置形状格式"命令，选择"填充"颜色为"红色"，"线条"颜色为"红色"。设置高和宽均为1.4厘米。再次选中五角星，将它移动到圆中的合适位置，同样可以按<Ctrl>键进行微调。

4）组合。选择公章中所有的自选图形和艺术字，选中图形对象并单击鼠标右键，在弹出的快捷菜单中选择"组合"命令，这样所有的自选图形和艺术字都被组合成一个整体对象，一枚"电子公章"就制作完成了。

5）保存文件。

我来试一试

1）使用艺术字制作如图1-71所示的"水中倒影"文字效果。艺术字格式：6行2列式样，隶书，40号；映像类型：全映像，接触。

图1-71 "水中倒影"文字效果

2）使用自选图形中的"流程图"制作如图 1-72 所示的船舶实时监控处理流程图。

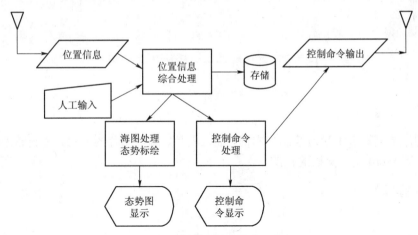

图 1-72 船舶实时监控处理流程

3）使用艺术字与自选图形制作如图 1-73 所示的扇面书签。

图 1-73 扇面书签制作效果

注意：选择"基本形状"中的"空心弧"来完成"扇面"的制作，艺术字设置阴影。

4）使用艺术字（第一行第一列，华文行楷，48 号）与自选图形（菱形）制作如图 1-74 所示的"福"字，并组合。

图 1-74 "福"字制作效果

我来归纳

自选图形或艺术字叠加后它们的层次会影响显示效果，层次的产生与绘制时的先后顺序有关，可以选择图形并单击鼠标右键，在弹出的快捷菜单中选择"叠放次序"命令，来改变自选图形或艺术字的层次。

案例 8 送给同学的圣诞礼物——图文处理

【教学指导】

通过制作圣诞贺卡来学习绘制文本框、插入图片、编辑图片的方法，达到熟练制作贺卡、请柬和名片等 Word 图文文档的目的。

【学习指导】

 任务

再过几天就是圣诞节了，看着网上千篇一律的贺卡，我觉得实在是没有个性。不如自己动手制作一个独具特色的贺卡送给同学，我独一无二的设计一定会让他们对我刮目相看的。如图 1-75 所示。

图 1-75　贺卡制作效果

 知识点

一、插入图片

Word 2010 提供了插入图片的功能，可以将 Word 剪辑库中的剪贴画或其他文件夹中的图片插入到文档中。

1. 插入剪贴画

插入剪贴画的方法：

选项卡方法——单击"插入"选项卡中"插图"选项组中的"剪贴画"按钮。

插入剪贴画的步骤（以插入"动物"剪辑中的"老虎"为例）如下。

1）将插入点置于文档中要插入剪贴画的位置。

2）单击"插入"选项卡中"插图"选项组中的"剪贴画"按钮，出现如图 1-76 所示的"剪贴画"对话框。

3）在搜索文字中输入"动物"并单击"搜索"按钮，窗口中显示出该类别所包含的所有剪贴画样式，单击第四幅剪贴画"老虎"右侧的按钮，出现如图 1-77 所示的菜单。其中 3 个选项的功能如下。

插入：将该剪贴画插入到文档中。

复制到收藏集：将该剪贴画添加到收藏集中。

预览/属性：打开一个预览窗口，查看该剪贴画。

4）单击"插入"选项，将"老虎"剪贴画插入到文档中。

图 1-76　"剪贴画"对话框　　　　　　图 1-77　显示某个类别的对话框

2. 插入来自文件的图片

插入图片文件的方法：

选项卡方法—— 单击"插入"选项卡中"插图"选项组中的"图片"按钮。

插入图片文件的步骤：插入图片文件的步骤与插入剪贴画的步骤基本相同。首先将插入点置于文档中要插入图片的位置，再单击"插入"选项卡中"插图"选项组中的"图片"按钮，出现如图 1-78 所示的对话框。在文件夹列表框中选择图片文件所在的文件夹，在"文件类型"下拉列表框中选择图片文件的类型，在文件列表框中选择要插入的文件，单击"插入"按钮，选中的图片将被插入到文档中光标所在的位置。在"贺卡"中圣诞树的图片就是这样被插入到文档中的。

图 1-78　"插入图片"对话框

3．设置图片格式及编辑修改图片

图片或剪贴画被插入到文档中后，用户可以根据需要来设置图片的格式并编辑、修改图片。

1）"图片工具格式"选项卡。双击已经插入的图片或者是剪贴画，会激活"图片工具格式"选项卡，如图 1-79 所示。可以通过选项卡的功能区来设置图片格式及编辑修改图片。

图 1-79　"图片工具格式"选项卡

2）"设置图片格式"对话框。选中图片并单击鼠标右键，在弹出的快捷菜单中选择"设置图片格式"命令，就会出现如图 1-80 所示的"设置图片格式"对话框。在此对话框中，可以对图片的"填充""线条颜色""线型""阴影""映像""发光和柔化边缘""三维格式""三维旋转""图片更正""图片颜色""艺术效果""裁剪"等进行设置，以达到美化图片的效果。

图 1-80　"设置图片格式"对话框

3）用鼠标快捷移动、缩放图片。有时对图片的缩放不需要十分精确，这时可以使用鼠标实现对图片的快捷操作。单击选中图片后，当鼠标指针出现"⬚"形状时，可以拖动图片到合适的位置；单击选中图片后，当鼠标指针出现"↕、↔、↘、↗"形状时，可以拖动鼠标对图片进行缩放。前两种鼠标指针形状为对图片的长宽缩放，后两种鼠标指针形状为对图片的等比例缩放。

二、文本框

在图文混排的文档中，有时往往需要将文本对象置于页面的任意位置，或在一篇文档中使用两种文字方向，这可以使用 Word 2010 提供的插入"文本框"的功能来实现。

1．在文档中插入文本框的方法

选项卡方法——单击"插入"选项卡中"文本"选项组中"文本框"下拉列表中的"横排"或"竖排"按钮。

2．在文档中插入文本框的步骤

1）单击"插入"选项卡中"文本"选项组中"文本框"下拉列表中的"横排"或"竖排"按钮。

2）移动"十"字光标至文档要插入文本框的位置，拖动鼠标绘制矩形框，当矩形框大小合适时，松开鼠标左键。

3）将光标移至文本框中，即可在文本框中输入文字，横排文本框中文字的方向为横排，竖排文本框中文字的方向为竖排，如图 1-81 所示。

图 1-81　文本框中文字方向示例

3．调整文本框的大小

以下两种方法都可以调整文本框的大小。

1）调整文本框的大小与调整图片的大小相同，选中文本框后，移动鼠标指针至文本框句柄处，当鼠标指针出现"↕、↔、↖、↗"形状时，可以拖动鼠标对文本框的大小进行调整。

2）选中文本框后，双击文本框，在激活的"绘图工具格式"选项卡的"大小"选项组中，可以精确地设置文本框的高度和宽度。

4．设置文本框的格式

有时在文本中插入文本框后，不需要显示出文本框的边框或需要对文本框填充颜色等，设置方法与对图片格式的设置方法相同，选中文本框后，双击文本框，在激活的"绘图工具格式"选项卡中的功能区可以设置文本框的"填充""线条颜色""线型""阴影""映像""发光和柔化边缘""三维格式""三维旋转"和"文本框"等的设置。或单击鼠标右键在弹出的快捷菜单中选择"设置形状格式"命令，出现类似于"设置形状格式"的对话框，也可以对上述功能进行设置。

 操作步骤

1）定义纸型。启动 Word 后，单击"页面布局"选项卡中"页面设置"选项组中的"纸张大小"按钮，定义贺卡的大小：自定义大小，宽 15cm 高 15cm。

2）插入圆角矩形。单击"插入"选项卡中"插图"选项组中的"形状"下拉列表中的"矩形"中的"圆角矩形"按钮，设置圆角矩形形状填充为无色，形状轮廓为 3 磅实线，大小为长宽均 14 厘米；复制圆角矩形，修改圆角矩形形状轮廓为 3 磅短画线，大小为长宽均 13.5 厘米。

3）插入艺术字。单击"插入"选项卡中"文本"选项组中的"艺术字"按钮，选择艺术字为第六行第二列式样，输入文字"Merry Christmas"，设置艺术字字体为"Gabriola"型，字号为 65，OpenType 连字样式集 6；复制艺术字，并将复制的艺术字文字修改为"To:"。其他字体的设置可根据喜好自行设置。

4）插入图片。单击"插入"选项卡中"插图"选项组中的"图片"按钮，找到"Word 学习\8"文件夹下的图片"圣诞树.jpg"和"樱桃.jpg"，单击"插入"按钮完成图片的插入。

调整图片移至文档的合适位置。图片插入后要修改图片的环绕方式及叠放次序。

5）选择以上插入的所有对象并单击鼠标右键，在弹出的快捷菜单中选择"组合"命令，将所插入的对象组合成为一个整体，圣诞贺卡制作完成。

6）保存文件，将文件作为邮件附件发给同学。

5 年后，假如你自己的公司即将开业，给昔日的同窗发一张请柬请他们来参加公司的开业庆典吧，效果图如图 1-82 所示。

图 1-82　请柬效果

我来归纳

图片、艺术字、文本框、自选图形都是图文混排的重要组成部分，综合运用这些知识点，可以制作出如贺卡、请柬、名片、光盘封面、杂志封面等具有实用价值的文档。

案例 9

唐诗欣赏—— 插入脚注、尾注和批注

【教学指导】

通过制作"唐诗欣赏"来学习在文档中添加脚注、尾注、批注的方法，练习文档的图文混排，达到可对书刊图文排版的要求。

【学习指导】

任务

语文老师要讲一堂"唐诗欣赏"的公开课，其中制作精美幻灯片的任务就落在了 Word 高手豆子身上了，请看我制作的"唐诗欣赏"文档，如图 1-83 所示。

图 1-83　唐诗欣赏制作效果

知识点

一、插入批注

平时我们将文件交给他人审阅时，他人常将审阅意见标注在书的空白处，Word 2010 也提供了类似的功能，即插入批注功能。

1．在文档中添加批注的方法

选项卡方法——单击"审阅"选项卡中"批注"选项组中的"新建批注"按钮。

2．在文档中添加批注的步骤

1）选定要添加批注的文字，如果是单字则可将光标置于要添加批注的单字后。

2）单击"审阅"选项卡中"批注"选项组中的"新建批注"按钮，出现如图 1-84 所示的批注插入区。

3）在批注插入区中输入批注文字。输入方法与普通文本的输入方法相同，如图 1-85 所示。

4）单击文本输入区任意空白处，返回到文本输入区，添加批注完成。

图 1-84　批注插入区

图 1-85　在批注插入区中输入批注

3．显示批注

在文本中，添加了批注的文本默认以红色底纹显示，要显示批注的内容，只要将鼠标指针移至添加了批注的文本上，即可出现批注的文本框，如图 1-86 所示。

图 1-86　显示批注

注意：批注的内容只是在页面中显示，在打印时不被打印输出。

4．编辑批注

要编辑修改批注，有两种方法可以实现。

1）移动光标至添加了批注的文本后，单击鼠标右键，在弹出的快捷菜单中选择"编辑批注"命令。

2）在批注插入区，可以直接选择需要编辑修改的批注进行编辑与修改。

5．删除批注

把光标移至添加了批注的文本后，单击鼠标右键，在弹出的快捷菜单中选择"删除批注"命令，所添加的批注即被删除。

二、插入脚注和尾注

Word 2010 提供插入脚注和尾注功能，如图 1-83 所示的对作者李绅的注释就是插入了尾注。脚注和尾注的使用方法基本相同，不同的是：脚注通常注释的位置在页面的底端，尾注通常注释的位置在文档的结尾。

1．在文档中插入脚注和尾注的方法

1）选项卡方法——单击"引用"选项卡中"脚注"选项组中的"插入脚注"或"插入尾注"按钮。

2）快捷键方法—— 插入脚注快捷键：按<Alt+Ctrl+F>组合键；插入尾注快捷键：按<Alt+Ctrl+D>组合键。

2．在文档中插入脚注和尾注的步骤

1）移动光标至要添加脚注和尾注的文字后面。

2）单击"引用"选项卡中"脚注"选项组右下角的"　"按钮，出现如图 1-87 所示的"脚注和尾注"对话框。先选择"脚注"或"尾注"单选按钮，再选择"编号"下拉列表框，最后单击"插入"按钮。

3）在文本的脚注或尾注输入区（即注释窗格）中输入脚注或尾注的文字，输入方法与普通文本的输入方法相同。

4）完成插入脚注或尾注的操作，返回到文本输入区。

3．设置脚注和尾注

图 1-87　"脚注和尾注"对话框

Word 2010 可以对插入的脚注和尾注指定出现位置、设置编号方式和自定义标记等。

在图 1-87 中的"编号"下拉列表框中可以指定插入的脚注或尾注的标记。如选择"连续"，添加脚注和尾注时自动顺序加数字编号，还可以在"自定义标记"文本框中输入各种符号标记，也可以单击"符号"按钮，出现"符号"对话框，选择插入脚注或尾注的标记符号。

4．删除脚注和尾注

要删除脚注和尾注，只要在文本中选择脚注和尾注的注释引用标记，按<Delete>键将其删除，则其相应的脚注和尾注也同时被删除。如在样文中要删除"李绅"的尾注，只要选择作者"李绅"旁边的"✍"符号，按<Delete>键即可。

 操作步骤

1）设置页面。设置纸张大小为自定义型（宽 17.6 厘米，高 21 厘米），设置页边距，上、下边距各 2.64 厘米，左、右边距各 3.42 厘米。

2）设置页面边框。单击"页面布局"选项卡中"页面背景"选项组中的"页面边框"按钮，设置页面边框为艺术型边框"▊▊▊▊"。

3）设置页眉。单击"插入"选项卡中"页眉和页脚"选项组中的"页眉"按钮，输入页眉"唐诗欣赏"。

4）设置艺术字"悯农"，艺术字式样，第 1 行第 1 列；字体为隶书；艺术字形状为山形；填充效果为预设型，心如止水，无线条颜色。

5）插入文本框，输入文字"诗二首"，并调整文本框至合适位置。

6）输入作者和正文。

7）设置作者"李绅"格式为居中，加下画线。

8）设置正文文本格式为幼圆，三号，居中，分二栏，并加分隔线。

9）设置批注（尾注），将光标移至作者"李绅"后，单击"引用"选项卡中的"脚注"选项组右下角的"▫"，选择"插入"项为"尾注"，"编号格式"为"自定义标记"，单击"符号"按钮，选择"字体"下拉列表框为"Wingdings"，找到符号"✍"，单击"确定"按钮两次，进入编辑尾注文本区，输入文字"李绅（772-846），字公垂，泣州无锡（今江苏无锡）人，唐代诗人。"

10）插入图片。单击"插入"选项卡中"插图"选项组中的"图片"按钮，插入"Word学习\9"文件夹下的图片"90.bmp"，双击图片，激活"图片工具格式"选项卡，设置"环绕方式"为"四周型"，设置图片高为 3.73 厘米，宽为 5 厘米。调整图片至文档合适位置。

11）保存文件。

我来试一试

使用"Word 学习\9"文件夹下的图片素材和文字素材，制作完成如图 1-88 所示的四页"唐宋诗词欣赏"。

图 1-88 "唐宋诗词欣赏"效果

我来归纳

脚注和尾注主要用于在文档中为文本提供解释、批示以及注释相关的参考资料。如果要删除脚注或尾注，则应删除文档窗口中的注释引用标记，而非注释窗格中的文字。

案例 10 欢庆元旦—— 图文混排综合练习

【教学指导】

通过制作"欢庆元旦"板报来复习巩固图文混排的格式与技巧，达到可以熟练进行书刊报纸排版的要求。

【学习指导】

任务

新的一年即将到来，豆子也接到一项光荣的任务，出一期欢庆元旦的板报，这可是要放在学校的宣传窗里的呀，真感谢 Word 2010 让我有了这么一个表现的机会，如图 1-89 所示。

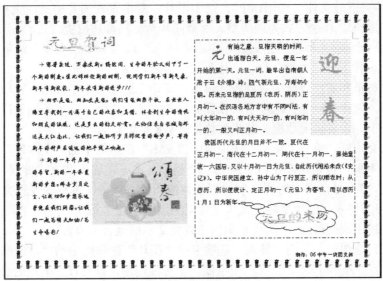

图 1-89 元旦板报制作效果

 知识点及操作步骤

1）启动 Word 应用程序，选择"文件"→"新建"命令，创建一篇 Word 文档。选择"文件"→"保存"命令，以文件名"板报.docx"保存在个人姓名文件夹下。

2）调入文件。打开"Word 学习\10"文件夹下的文件"元旦贺词.docx"及"元旦来历.docx"，分别选中两篇文件全文，复制内容，返回到文件"板报.docx"，单击"开始"选项卡中的"剪贴板"选项组中的"粘贴"按钮，将两文件复制到新文件中（也可使用快捷键或鼠标右键操作）。

3）页面设置。单击"页面布局"选项卡中"页面设置"选项组中的"纸张大小"和"纸张方向"按钮，设置纸型为 B4，横向。

4）设置字体和段落。选中正文第一、二、三段，设置字体为华文行楷，三号。选中正文第四、五段，设置字体为宋体，三号。选中全文，设置全文首行缩进 2 个字符。

5）设置分栏。选中全文，单击"页面布局"选项卡中"页面设置"选项组中的"分栏"按钮，将全文分为两栏，不加分隔线。

6）设置艺术字。单击"插入"选项卡中"文本"选项组中的"艺术字"按钮，艺术字式样，第 1 行第 1 列；输入文字"元旦贺词"，字体为华文新魏，44 号，加粗，文本填充，预设型，彩虹出岫 II，无文本轮廓，艺术字形状，陀螺形，环绕方式，嵌入型，并调整艺术字至合适位置；再次单击"插入"选项卡中"文本"选项组中的"艺术字"按钮，艺术字式样，第 3 行第 4 列；输入文字"元旦的来历"，字体为隶书，36 号，文本填充，预设型，彩虹出岫 II，无文本轮廓，艺术字形状，波形 2，调整艺术字至文末。

7）插入项目符号。选中正文前三段，单击"开始"选项卡中"段落"选项组中的"项目符号"下拉列表，单击"定义新项目符号"按钮，在弹出的"定义新项目符号"对话框中单击"符号"按钮，定义"wingdings"字体中的符号"✈"，字体颜色设置为红色。项目符号缩进 0.75 厘米，文字位置无缩进。

8）插入图片。单击"插入"选项卡中"插图"选项组中的"图片"按钮，插入"Word 学习\10"文件夹下的文件"101.BMP"，选中图片，双击设置图片格式，大小设置为高 6.2 厘米，宽 8.92 厘米，环绕方式为四周型。调整图片至文档合适位置。

9）首字下沉。将光标移至第四段，单击"插入"选项卡中"文本"选项组中的"首字 下沉"按钮，设置下沉行数为 2 行，字体为方正舒体，颜色为红色。

10）设置边框和底纹。选中第四段，单击"开始"选项卡中"段落"选项组中的"边框 和底纹"按钮，选择"底纹"选项卡，设置底纹为"乳白"色，应用范围为段落；选择"页 面边框"选项卡，设置页面边框为艺术型边框"🎐🎐🎐🎐🎐🎐"。

11）插入文本框。单击"插入"选项卡中"文本"选项组中的"文本框"下拉列表中的 "绘制竖排文本框"按钮，在文档上绘制一个竖排文本框，输入文字"迎春"，设置字体格 式为华文行楷，74 号，居中对齐，字体颜色为浅橘黄；双击文本框，设置文本框格式，高 8.8 厘米，宽 3.8 厘米，四周型环绕，填充效果为图案中的"横向砖型"，前景色为自定义颜 色（参考色浅粉色或玫瑰红），无线条颜色。调整文本框至合适位置。

12）插入自选图形。单击"插入"选项卡中"图片"选项组中的"自选图形"按钮，选 择"标注"中的"云形标注"，在文档中绘制一个标注图形，设置自选图形的叠放次序为"置 于底层"，并垂直翻转自选图形，调整图形至合适大小，移动图形到文末艺术字的位置，组 合自选图形与艺术字。

13）添加边框。在文末添加适当回车符，选中四段以后的文本，单击"开始"选项卡 中"段落"选项组中的"边框和底纹"按钮，选择"边框"选项卡，设置边框为"方框" 型，线型为第五种。

14）插入页脚。单击"插入"选项卡中"页眉和页脚"选项组中的"页脚"按钮，在页 脚项中输入文字"制作：06 中专一班团支部"，宋体四号，居右对齐。

15）板报制作完成，保存文件。

 我来试一试

一．图文混排练习

1）打开"Word 学习\10"文件夹下的文件"送一轮明月.docx"，使用"另存为"命令以 文件名"明月.docx"保存在个人姓名文件夹下，并按样文设置文档格式，如图 1-90 所示。

2）页面设置：将页面纸型设为 A4 纸，上下左右边距各设为 3 厘米。

3）页眉：设置页眉"散文欣赏、送一轮明月"并设置成如样文的格式。

4）艺术字：将标题"送一轮明月"设为艺术字第 2 行第 3 列的样式，隶书，36 号，填 充线条为"无线条色"，填充颜色为自选。

5）自选图形：插入自选图形"新月形"，调整至合适大小，并自行设置填充颜色。

6）字体：作者居中，将全文头两段的字体设为楷体，阴影，青色，字号小四号；第三 段设为隶书，加粗，蓝色，字号为四号。

7）段落：全文各段首行缩进两字，第一段设首字下沉，下沉两行；并将头两段分为两 栏，不加分隔线。

8）插入图片：在文章中插入剪贴画（学院），设置高度为 2.52 厘米，宽度为 2.88 厘米，环绕方式为四周型，居中。

9）批注和尾注：为作者"林清玄"设置尾注，自定义标记"♣"，录入文字"选自《林清玄文集》"。设置格式为宋体小四；为最后一句话中的"明月"添加批注"寓意深刻"。

图 1-90　"明月"样文

二．创意广告制作

以环保、奥运、产品等为主题，自由创意制作一幅广告宣传海报。

我来归纳

图文混排时，一般按照先文字再图形、图片的顺序进行。对于插入的文本框要注意设置其填充色及边框线的颜色；对于图形、图片对象要注意环绕方式的设置。

充分并熟练地使用图文混排的有关知识点，可以实现书刊报纸的快速排版，并可以制作出广告、板报、产品宣传画等形式多样的 Word 文档。

案例 11　制作求职履历表—— 表格制作

【教学指导】

通过制作"求职履历表"来学习表格的基本操作，达到可以独立制作普通表格的要求。

【学习指导】

任务

今日尾随学长去了人流如潮的招聘会，提前过了一把毕业生的瘾，看见他们手中各种各样的求职履历表，豆子手痒，赶快制作一个，以备不时之需，效果如图 1-91 所示。

求职履历表

应征职位			希望待遇			贴照片处
一、个人资料						
姓　名		性　别		出生年月		
政治面貌		民　族		职　称		
籍　贯		身　高		体　重		
婚姻状况	□未婚 □已婚		驾照种类	□大客车 □大货车 □小客车		
家庭详细住址						
联系电话			E-MAIL			
紧急联络人			联络人电话			
二、教育程度						
等别	学校名称及专业		起止时间		地点及证明人	
初中						
高中、中专						
大学						
其他						
三、工作经验						
	公司	部门	职务	薪资（月）	起止时间	
四、专业训练或特长（特别资格或通过考试）						
五、社团活动						
名称	职务	时间	名称	职务	时间	
六、自传（如学习经验、社团经验、工作观、自我期许等）						

图 1-91　求职履历表制作效果

知识点

Word 2010 具有很强的表格处理能力，可以方便地创建各种表格、对表格进行编辑、调整，以及对表格中的数据进行计算和排序等。

一、创建表格

以下四种方法均可创建表格。

1. 快速创建方法

步骤如下：

1）将插入点光标移至要插入表格的位置。

2）单击"插入"选项卡中"表格"选项组中的"表格"按钮，出现插入表格示例框，如图 1-92 所示。

3）在插入表格示例框中拖动鼠标，直至出现所需要的表格行、列数，如图 1-93 所示，

松开鼠标，则在插入点位置创建一个相应行列数的规范表格，如图 1-94 所示。

图 1-92 插入表格示例框

图 1-93 选择表格行列示例框

图 1-94 插入 4 行 4 列的规范表格

> 注意：用这种方法创建表格，初始最多可以创建 8 行 10 列表格。

2．创建更多单元格的表格

步骤如下：

1）将插入点光标移至要插入表格的位置。

2）单击"插入"选项卡中"表格"选项组中"表格"下拉列表框中的"插入表格"按钮，出现如图 1-95 所示的"插入表格"对话框，在"列数"和"行数"文本框中选择或输入表格的列数和行数，在"自动调整"区中选择一个单选框。

① 固定列宽：设置表格的列宽为固定值，可在后面的文本框中指定列宽值，选择系统默认的"自动"，则用表格列数均分页宽。

② 根据窗口调整表格：表格宽度与页宽相同。与"固定列宽"选择"自动"项效果相同。

③ 根据内容调整表格：列宽随表格中内容的多少而变化。

3）单击"确定"按钮，完成表格插入。

3．自由创建表格

如果创建的表格不是很规则，则用"绘制表格"来自由创建表格比较方便，步骤如下：

图 1-95 "插入表格"对话框

1）单击"插入"选项卡中"表格"选项组中"表格"下拉列表框中的"绘制表格"按钮，鼠标指针成为笔形。

2）拖动鼠标在文档中绘制表格的外框线后，松开鼠标。

3）再次拖动鼠标在文档中绘制表格的横线、竖线及斜线。

4）单击任意空白处完成绘制表格。

4．将文字转换成表格

Word 2010 提供将文字转换成表格功能，但文字必须具备下列条件：每一行之间用回车符分开；每一列之间用分隔符（空格、西文逗号、制表符等）分开。将文字转换成表格的步骤如下。

1）在要转换的文字中加入分隔符。

2）选择要转换成表格的所有文本。

3）单击"插入"选项卡中"表格"选项组中"表格"下拉列表框中的"文本转换成表格"按钮，出现如图 1-96 所示的对话框，可重新输入或选择表格的列数，选择文字分隔符的位置，单击"确定"按钮。转换前后的效果如图 1-97 所示。

图 1-96 "将文字转换成表格"对话框　　　　图 1-97 文字转换成表格效果

二、编辑表格

1. 在表格中输入文本

表格中的每一格称为单元格。要在单元格中输入文本，只要单击某一单元格，将光标置于单元格中，即可完成文本的输入。如输入内容过多，单元格的高度会自动调整。

2. 选取表格

与普通文本操作一样，对表格操作前，必须选取表格。

1）选项卡方法选取表格：使用选项卡方法选取表格，首先将光标置于要选取的某一单元格中，单击"表格工具布局"选项卡中"表"选项组中的"选择"按钮，可以选取整个表格、光标所在的一行、光标所在的一列或光标所在的单元格。

2）鼠标快捷方法选取表格：使用鼠标选取表格的常用方法见表 1-9。

表 1-9　鼠标选取表格的常用方法

选 定 范 围	说 明
选定一个单元格	移动鼠标指针到该单元格左边，当指针变为实心右向箭头时，单击选取
选定多个单元格	移动鼠标指针到第一个单元格，拖动至最后一个单元格处选取；或单击第一个单元格，按住<Shift>键单击最后一个单元格选取矩形区域
选定一行表格	移动鼠标指针到该行左端外侧，当指针变为空心右向箭头时，单击选取
选定一列表格	移动鼠标指针到该列顶部表格线上，当指针变为向下的实心箭头"↓"时，单击选取
选定多行多列表格	移动鼠标指针到该起始行左端外侧，当指针变为空心右向箭头时，拖动选定多行；移动鼠标指针到该列顶部表格线上，当指针变为向下的实心箭头↓时，拖动选定多列
选定整个表格	移动鼠标指针到表格内，当表格左上角出现表格移动手柄"⊞"时，单击"⊞"选定整个表格

三、表格的调整与修改

插入的规范表格往往要经过调整与修改才能满足实际应用的需要。

1．移动表格线

移动鼠标指针至表格边线，当指针出现"÷"或"＋"形状时，拖动鼠标即可移动表格线。移动示例如图 1-98 所示。

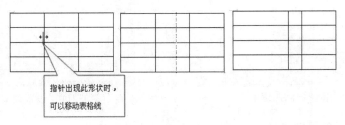

图 1-98　移动表格线示例

> 注意：如果先选定某个单元格，再移动表格线，则只移动选中区域的表格线。

2．表格属性

（1）设置表格的行高

用移动表格线的方法可以改变表格的行高和列宽，也可以使用选项卡方法精确设置表格的行高和列宽。

设置行高的步骤如下：

1）选定要设置行高的一行或多行。

2）单击"表格工具布局"选项卡中"表"选项组中的"属性"按钮，出现"表格属性"对话框，选择"行"选项卡，如图 1-99 所示。

3）选中"指定高度"复选框，输入行高。选择"行高值是"下拉列表框，如选择"最小值"表示行高是单元格内容的最小值，随单元格内容的增加而自动增加行高，如选择"固定值"表示行高固定不变，行高不随单元格内容增加，当单元格内容超过行高时，将不能完整显示或打印。

4）要改变上一行或下一行的行高，可单击"上一行"或"下一行"按钮，继续设置行高。

5）单击"确定"按钮完成设置。

（2）设置表格的列宽

设置列宽的方法与设置行高的方法基本相同，步骤如下：

1）选定要设置列宽的一列或多列，如是一列也可以直接置光标于该列所在的单元格中。

2）单击"表格工具布局"选项卡中"表"选项组中的"属性"按钮，出现"表格属性"对话框，选择"列"选项卡，如图 1-100 所示。

3）选中"指定宽度"复选框，输入指定宽度，也可以设置列宽的单位。

4）要改变前一列或后一列的宽度，可单击"前一列"或"后一列"按钮，继续设置列宽。

5）单击"确定"按钮完成设置。

> 注意：除了用上述方法可以设置表格的行高和列宽外，还可以在"表格工具布局"选项卡中"单元格大小"选项组中直接进行修改。

图1-99　设置行高选项卡

图1-100　设置列宽选项卡

（3）设置单元格属性

单击"表格工具布局"选项卡中"表"选项组中的"属性"按钮，选择"单元格"选项卡。可以设置单元格的宽度、单元格中文本的垂直对齐方式、上下左右边距等。

> 注意：设置单元格中文本对齐方式的另一种方法：选中要设置对齐方式的文本，单击表格和边框工具栏中的对齐方式按钮，选择其中的一种对齐方式即可。

3．插入表格行、列

以下两种方法都可在表格中插入行或列。

1）移动光标至要插入新行或新列的位置，在"表格工具布局"选项卡中"行和列"选项组中，选择要插入行或列的位置即可在表格中插入新的行或列。

2）选中一行或一列并单击鼠标右键，在弹出的快捷菜单中选择"插入行"或"插入列"命令，则在所选行或列前插入新的行或列。另外，移动光标至表格右下角的单元格外按<Enter>键也可以插入新行。

4．删除表格行、列

以下两种方法都可以在表格中删除行或列。

1）移动光标至要删除的行或列所在的单元格或选中要删除的行或列，在"表格工具布局"选项卡中"行和列"选项组中，选择要删除的行或列，就可以删除表格的行或列。

2）选中要删除的行或列并单击鼠标右键，在弹出的快捷菜单中选择"删除行"或"删除列"命令，则所选表格的行或列被删除。

5．合并单元格

合并单元格就是将多个单元格合并成一个单元格，如样例中"贴照片处"就用到了合并单元格。合并单元格的步骤如下：

1）选定要合并的单元格区域。

2）单击"表格工具布局"选项卡中"合并"选项组中的"合并单元格"按钮，所选择的单元格区域即被合并，如图1-101所示。

图 1-101 合并 1、2 行第一列两单元格效果

6. 拆分单元格

绘制表格经常要用到拆分单元格，即将一个或多个单元格区域拆分，步骤如下：

1）选定要拆分的单元格或单元格区域。

2）单击"表格工具布局"选项卡中"合并"选项组中的"拆分单元格"按钮，出现如图 1-102 所示的"拆分单元格"对话框。

3）输入拆分后单元格的行数和列数。如选中"拆分前合并单元格"则先合并所选单元格后再拆分，否则每一个单元格均按设置的行数和列数来拆分。

4）单击"确定"按钮完成表格拆分，如图 1-103 所示。

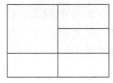

图 1-102 "拆分单元格"对话框

图 1-103 拆分 1、2 行第一列两单元格效果

 **操作步骤**

1）启动 Word 2010 应用程序，选择"文件"→"新建"→"空白文档"→"创建"命令，创建一篇 Word 文档。选择"文件"→"保存"命令，以文件名"履历表.docx"保存在个人姓名文件夹下。

2）页面设置：单击"页面布局"选项卡中"页面设置"选项组中的"纸张大小"和"纸张方向"按钮，设置纸型为 A4，纵向，下边距 2 厘米。

3）输入表头：在第一行输入文本"求职履历表"，选中文本，设置文本格式为黑体，小二，居中，段后 0.5 行。

4）插入表格：单击"插入"选项卡中"表格"选项组中"表格"下拉列表框中的"插入表格"按钮，输入表格列数为 1，行数为 31，单击"确定"按钮。

5）设计表格整体布局：选中表格前 5 行，单击"表格工具布局"选项卡中"合并"选项组中的"拆分单元格"按钮，拆分单元格为 7 列 5 行；选中前 5 行表格第 5 列，单击"表格工具布局"选项卡中"合并"选项组中的"合并单元格"按钮，合并单元格；选中第一行，单击"表格工具布局"选项卡中"合并"选项组中的"拆分单元格"按钮，拆分单元格为 4 列；选中第 2 行前 6 列，单击"表格工具布局"选项卡中"合并"选项组中的"合并单元格"按钮，合并单元格；依此方法，使用选中、拆分单元格、合并单元格方法按样表将表格拆分成如图 1-104 所示的表格格式。

6）输入表格内容：按样文所示，输入表格中的文字，如图 1-105 所示。

7）细化表格边线：根据单元格内文字内容的多少及应用需要，适当调整表格内列宽，使表格更加规范，如图 1-106 所示。

8）设置文字格式：选中表格中的"一、个人资料""二、教育程度""三、工作经验""四、专业训练或特长（特别资格或通过考试）""五、社团活动""六、自传（如学习经验、社团经验、工作观、自我期许等）"文本，设置加粗，居中对齐；选中"贴照片处"，设置居中对齐；

根据需要及样文将其他单元格中的文字设置分散对齐或居中对齐，移动光标至最后一行，在"表格工具布局"选项卡中"单元格大小"选项组中的"表格行高度"文本框中设置行高为 5.8 厘米。制作效果如图 1-107 所示。

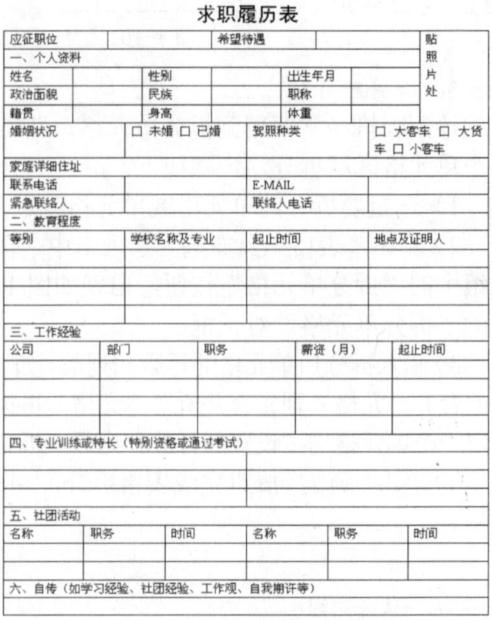

图 1-104　制作表格

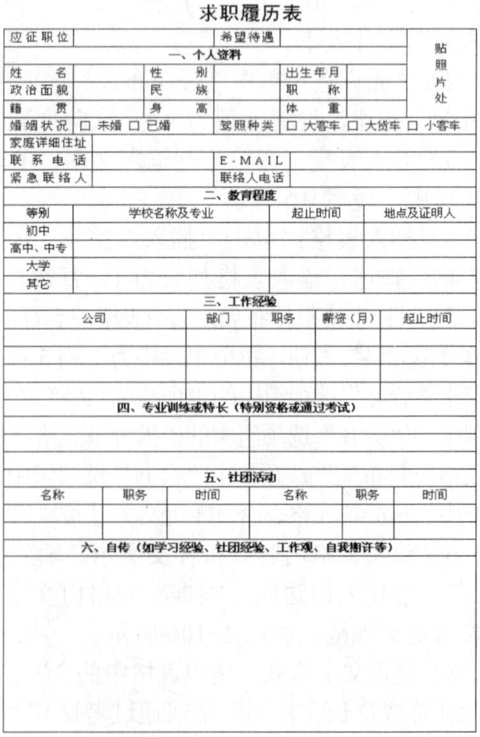

图 1-105　输入表格文字

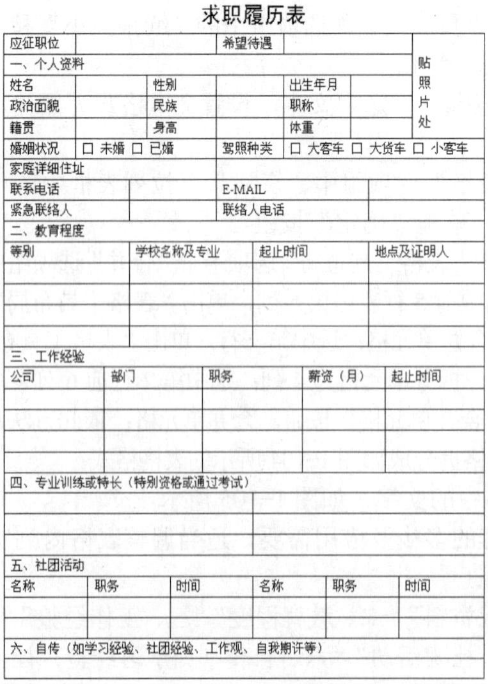

图 1-106　调整表格

图 1-107　表格制作效果

9）保存文件，完成设置。

我来试一试

1）打开"Word 学习\11"文件夹下的文件"表格 1.docx"，将下面的文字转换成 4 行 4 列的表格，保存在个人姓名文件夹下。

> 姓名，字，号，生卒年份
> 李白，太白，青莲居士，701—762
> 杜甫，子美，少陵野老，712—770
> 白居易，乐天，香山居士，772—843

2）使用"绘制表格"按钮绘制如图 1-108 所示的表格，以文件名"表格 2.docx"保存在个人姓名文件夹下。

3）制作如图 1-109 所示的"转账凭证"，以"表格 3.docx"保存在个人姓名文件夹下。注意设置借贷方金额数字（百、十、万、千、元、角、分）。单元格属性上、下、左、右边距均为 0 厘米。

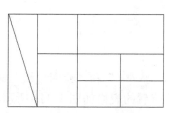

图 1-108　示例表格

图 1-109　转账凭证

我来归纳

制作表格时应按照先整体再局部，先概况再细化的原则进行。直接移动标尺上的"移动表格列"项可以布局列整体，选定单元格后再移动表格边线可以调整细部布局。

制作课程表—— 格式化表格

【教学指导】

通过制作"课程表"来学习表格的格式化操作、设置表格边线、绘制斜线表头、自动套用格式等，达到可以制作并排版表格的要求。

【学习指导】

任务

学校要举办课程表设计大赛，请看 Word 高手豆子制作的个性课程表，如图 1-110 所示。

课节\期节	星期一	星期二	星期三	星期四	星期五
第一节	语文	数学	政治	WORD	数学
第二节	语文	数学	政治	WORD	数学
第三节	数学	写作	工会	语文	QBASIC
第四节	数学	写作	工会	语文	QBASIC
午休					
第五节	班会	体育	财务	英语	休治
第六节	班会	体育	财务	英语	休治

图 1-110 个性课程表制作效果

知识点

一、改变表格框线

使用"表格工具设计"选项卡中"表格样式"选项组中的" ⊞边框▾ "和"绘图边框"选项组中的" ─────▾ "按钮可以改变表格的框线，改变框线前后的表格如图 1-111 所示，方法如下：

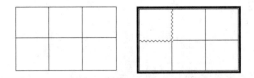

图 1-111 改变表格框线示例

1）选中整个表格或要改变框线的单元格，单击" ─────▾ "按钮，选择一种线型。

2）单击" ⊞边框▾ "按钮，出现如图 1-112 所示的各种框线位置选择下拉按钮，选择要改变框线的框线按钮并单击（如"外部框线"只改变表格的外部框线，"上框线"只改变选中表格的上框线，"无框线"则表示选中的表格的框线不被显示），则选中表格部分的框线被所选择的线型所代替。

注意：如果选择"表格工具设计"选项卡中"绘图边框"选项组中的" 0.5磅 ─────▾ "下拉按钮后，再选择"外部框线"下拉按钮，则可以改变框线的粗细。如果选择" ✎笔颜色▾ "下拉按钮后，再选择"外部框线"下拉按钮，则可以改变框线的颜色。

图 1-112　框线位置选择下拉按钮

二、绘制斜线表头

以下三种方法可以绘制斜线表头。

1）使用"■■边框▼"中的"◤ 斜下框线(W)"按钮为指定的单元格添加斜线。

2）单击"◤"按钮，使用绘制表格工具手动添加斜线。

3）单击"表格工具布局"选项卡中"表"选项组中的"◤属性"按钮，在"表格属性"对话框中单击"边框和底纹"按钮，打开"边框和底纹"对话框，设置如图 1-113 所示。

> 注意：如果想画两条斜线的表头，则可以用"插入"功能区中的"形状"工具画直线，如果文字不好输入则可以用文本框添加后调整位置再组合应用。

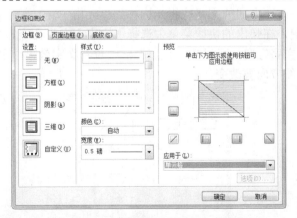

图 1-113　表格"边框和底纹"对话框

三、表格自动套用格式

Word 2010 提供了多种表格模板，用户可以通过使用"表格工具设计"选项卡中的"表

格样式选项"选项组及"表格样式"选项组中的工具按钮快速排版表格,如图 1-114 所示。

设置表格自动套用格式步骤:

1)将光标置于要设置自动套用格式的普通表格中。

2)选中"表格样式选项"选项组中的所有复选按钮。

3)单击"表格样式"选项组中的样式按钮,所选择的表格自动排版成选择的自动套用格式。

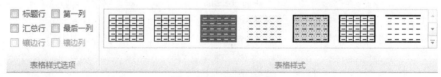

图 1-114 表格样式

四、表格内文本的格式化

Word 2010 对表格内文本的格式化与普通文本格式化的方法相同,可以在表格中设置文本的格式、插入图片、艺术字、设置表格单元格的边框和底纹等,形成图表混排的文档效果。

改变表格内文字方向:

在表格中可以改变表格中不同单元格内文字的方向顺序,形成表格文字纵横混排的效果,如图 1-115 所示为改变表格中文字方向的示例。

图 1-115 改变表格中文字方向示例

改变表格内文字方向的步骤:

1)选中表格内要改变方向的文字或将光标移到单元格中。

2)单击鼠标右键,在弹出的快捷菜单中选择"文字方向"命令,出现如图 1-116 所示的对话框,选择一种文字方向,可以在"预览"框中查看文字效果,单击"确定"按钮,则表格中被选中的文字的方向被改变。

图 1-116 "文字方向-表格单元格"对话框

操作步骤

1)设置表头:单击"插入"选项卡中"文本"选项组中的"艺术字"按钮,选择艺术字为第五行第三列式样，输入文字"课程表"，设置艺术字为"隶书"字体，字号为小初；"形状填充""形状轮廓"均为无；"形状效果"为"阴影""外部""向下偏移"。

2）在文本中插入图片：单击"插入"选项卡中"插图"选项组中的"图片"按钮，找到"Word 学习\12"文件夹下的图片"1.gif"，单击"插入"按钮完成图片的插入。

3）绘制表格：单击"插入"选项卡中"表格"选项组中的" 插入表格(I)… "按钮，输入表格列数为6，行数为8，单击"确定"按钮。设置第一列列宽为3.05厘米，第一行行高为1.75厘米，合并第六行的所有单元格，成为一行。

4）绘制斜线表头：使用" 边框 "中的" 斜下框线(W) "按钮为首行首列单元格添加斜线。斜线两侧插入文本框分别输入"星期"和"课程"，手动调整文本框的位置后将文本框组合。

5）输入并设置表格文字：在表格中输入除"午休"以外的文字，并设置文字格式，"星期一"到"星期五"为方正姚体，小三；"第一节"到"第六节"为方正舒体，小三；课节汉字为华文行楷，小三；课节英文为"Lucida Handwriting"，小四。所有文字居中对齐，星期中部居中对齐。

6）设置表格底纹：分别选中表格第一行和第一列除第六行（"午休"行）外的单元格，单击"表格工具设计"选项卡中"表格样式"选项组中的" 底纹 "下拉按钮，选择颜色为"橙色 强调文字颜色6 淡色80%"。

7）设置"午休"：将光标置于第六行，单击"插入"选项卡中"插图"选项组中的"图片"按钮，找到"Word 学习\12"文件夹下的图片"2.gif"，单击"插入"按钮完成图片的插入。单击"插入"选项卡中"文本"选项组中的"艺术字"按钮，选择艺术字为第二行第二列式样，输入文字"午休"，单击"确定"按钮。设置艺术字为"华文楷体"字体，字号为二号（也可以使用文本框完成"午休"文字的设置）。

8）设置表格外框线：选中表格，单击"表格工具设计"选项卡中"绘图边框"选项组中的" "按钮，选择线型为双波浪线，再单击" 边框 "按钮，单击选择" 外侧框线(S) "完成表格外部框线的设置。

9）保存文件。

我来试一试

1）使用表格自动套用格式（彩色列表强调文字颜色1），制作如图1-117所示的表格，设置行高0.8厘米，除"电话号码"列右对齐外，其他列均居中对齐，并且以"表格4.docx"为文件名保存在个人姓名文件夹下。

姓名	工作单位	电话号码	邮政编码
柳传志	联想集团	（010）38146665	100106
赵军涛	复旦大学	（020）66778899	200065
王海波	航空机械制造厂	（0571）5426376	233001

图1-117 联系人表

2）使用隐藏表格边框线，制作如图 1-118 所示的"图书价目表"，以"表格 5.docx"为文件名保存在个人姓名文件夹下。

图书价目表

种类＼价目	人民币	欧元
宋词三百首	48	4.8
唐诗三百首	48	4.8
西游记（精装本）	280	28.0
三国演义（精装本）	280	28.0
红楼梦（精装本）	280	28.0
水浒传（精装本）	280	28.0

图 1-118　图书价目表

我来归纳

灵活地使用表格工具中的自动套用格式，结合插入图片、艺术字、自选图形等知识点，可以制作出各种排版精美的表格。

案例 13　制作成绩单—— 表格中的数据计算

【教学指导】

通过制作"成绩单"来学习表格内数字的计算、排序，达到可以熟练制表并完成计算的要求。

【学习指导】

任务

期末考试完毕，豆子我考得不错，在受到老师大力表扬之外，又接到了一份光荣的任务——计算全班同学的总分及平均分，并且将成绩由高到低排好序。制作前后的成绩单如图 1-119 所示。

08 财会二班期末成绩单

科目＼姓名	语文	数学	英语	政治	财务	工会	WORD	总分	平均分
吴柯	79	90	68	87	92		93		
姜水	85	76	90	86	83	94	73		
孟静	88	96	78	86	88	90	95		
王仪	73	92	78	65	87	80	93		
张玲	71	87	91	88	67	92	84		
秦潞	86	90	86	74	85	79	85		
赵鹏飞	76	83	63	79	81	73	86		
刘榴	92	68	89	93	74	88	84		
李墨	82	92	80	68	77	90	91		
蒋来	85	73	69	86	78	89	86		
赵球球	90	95	93	92	90	98	99		

08 财会二班期末成绩单

科目＼姓名	语文	数学	英语	政治	财务	工会	WORD	总分	平均分
吴柯	79	90	68	87	92		93	509	84.83
姜水	85	76	90	86	83	94	73	587	83.86
孟静	88	96	78	86	88	90	95	621	88.71
王仪	73	92	78	65	87	80	93	568	81.14
张玲	71	87	91	88	67	92	84	580	82.86
秦潞	86	90	86	74	85	79	85	585	83.57
赵鹏飞	76	83	63	79	81	73	86	541	77.29
刘榴	92	68	89	93	74	88	84	588	84.00
李墨	82	92	80	68	77	90	91	580	82.86
蒋来	85	73	69	86	78	89	86	566	80.86
赵球球	90	95	93	92	90	98	99	657	93.86

图 1-119　制作前后的成绩单对比

知识点

一、表格中数据的计算

1．Word 2010 表格中单元格的标志方法

在 Word 表格中行用半角阿拉伯数字 1、2、3、4……表示，列使用英文字母 A、B、C、D……表示，每一个单元格按"列行"标志，如图 1-120 所示。

A1	B1	C1	D1
A2	B2	C2	D2
A3	B3	C3	D3

图 1-120　单元格的表示方法

2．Word 2010 表格中数据的计算方法

在表格中可以进行求平均值、取最大数、最小数等运算，步骤如下：

1）单击"表格工具布局"选项卡中"数据"选项组中的" _fx_ 公式 "按钮，出现如图 1-121 所示的"公式"对话框。

图 1-121　"公式"对话框

2）单击"粘贴函数"下拉列表框选择要进行运算使用的函数，最常用的是"SUM"（求和）及"AVERAGE"（求平均值）函数。

3）选择函数后，函数会自动出现在"公式"文本框中，可以在函数名后面的括号中输入计算的范围。常用数据范围的含义如下：

①"LEFT"：该行单元格以左的数据，如 SUM（LEFT）。

②"RIGHT"：该行单元格以右的数据，如 AVERAGE（RIGHT）。

③"ABOVE"：该列单元格以上的数据，如 SUM（ABOVE）。

④"单元格标志 1：单元格标志 2"：计算"单元格标志 1"到"单元格标志 2"对角线区域中的数据。如（A1：C3）计算第一行第一列到第三行第三列的数据。

4）在"编号格式"下拉列表框中选择计算后数字的格式。

5）单击"确定"按钮。

> 注意：如果单元格中显示的是大括号和代码（例如，{=SUM（LEFT）}）而不是实际的求和结果，则表明 Word 正在显示域代码。要显示域代码的计算结果，请按<Shift+F9>组合键或单击鼠标右键选择"切换域代码"命令；如果该行或列中含有空单元格，则 Word 将不对这一整行或整列进行计算。要对整行或整列计算，请在每个空单元格中输入零值。

二、表格中数据的排序

1）单击"表格工具布局"选项卡中"数据"选项组中的"排序"按钮。步骤如下：

① 移动光标至表格的单元格中或选定整个表格。

② 单击"排序"按钮，出现如图 1-122 所示的"排序"对话框。在"主要关键字"下拉列表框中选择第一排序依据的列的名称，对应的"类型"下拉列表框选择该列的数据类型，再选择按"升序"或"降序"排序。

③ 选择第二排序依据，即选择下面的"次要关键字"下拉列表框，功能是在前一排序依据相同时的排序依据。设置方法与设置"主要关键字"的方法相同。

④ 选择"列表"单选按钮，如选中"有标题行"则排序时不包括标题行，否则相反。

⑤ 单击"确定"按钮。

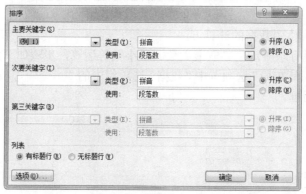

图 1-122 "排序"对话框

2）如果只依据某一列数据排序，则可以将光标置于表格中的该列任意单元格中，然后单击"开始"选项卡中"段落"选项组中的"↓"按钮，同样也可以打开"排序"对话框。

> 注意：Word 是以域的形式将结果插入选定单元格的，所以在 Word 单元格中通过公式计算出的数值（包括插入的页码）呈灰度显示，系统默认为字符型，因此在排序时应按照"拼音"排序。

 操作步骤

1）打开"Word 学习\13"文件夹下的文件"成绩单.docx"，选择"文件"→"另存为"命令以"成绩单排序.docx"为文件名保存在姓名文件夹下。

2）计算总分：移动光标到第二行第九列的单元格中，单击"表格工具布局"选项卡中"数据"选项组中的"公式"按钮，在"公式"文本框中输入"=SUM（left）"，单击"确定"按钮，自动计算出"吴柯"的总分。依此方法，将光标分别置于第三行到第十二行的第九列的单元格中，分别单击"公式"按钮，在"公式"文本框中输入"=SUM（left）"，计算出所有学生的总分。

3）计算平均分：移动光标到第二行第十列的单元格中，单击"表格工具布局"选项卡中"数据"选项组中的"公式"按钮，在"粘贴函数"下拉列表框中选择函数"AVERAGE"，在"公式"文本框中输入"=AVERAGE（b2:h2）"，单击"确定"按钮，自动计算出"吴柯"

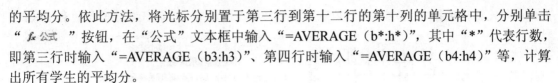

的平均分。依此方法，将光标分别置于第三行到第十二行的第十列的单元格中，分别单击"f_x公式"按钮，在"公式"文本框中输入"=AVERAGE（b*:h*）"，其中"*"代表行数，即第三行时输入"=AVERAGE（b3:h3）"、第四行时输入"=AVERAGE（b4:h4）"等，计算出所有学生的平均分。

4）数据排序：将光标置于表格中的任意单元格或选中整个表格，单击"表格工具布局"选项卡中"数据"选项组中的"↓排序"按钮，在"主要关键字"下拉列表框中选择"总分"，在对应的"类型"下拉列表框中选择"拼音"，选中"降序"单选按钮；在"次要关键字"下拉列表框中选择"列 1"，在对应的"类型"下拉列表框中选择"拼音"，选中"升序"单选按钮；选中"有标题行"单选按钮，单击"确定"按钮完成按总分由高到低排序，总分相同者按姓名顺序排序。

5）保存文件。

 **我来试一试**

1）打开"Word 学习\13"文件夹下的文件"表格练习.docx"，以"表格 6.docx"为文件名保存在个人姓名文件夹下，并使用公式计算出各球员的总分及各轮的平均分，并按总分由高到低排序，根据排序结果填入排名，如图 1-123 所示。

球员比赛积分表

	第一轮	第二轮	第三轮	第四轮	总分	排名
王　强	16	19	14	20		
李　亮	8	15	12	13		
赵　欣	19	15	15	14		
刘　军	21	19	13	14		
平 均 值					备 注	

球员比赛积分表

	第一轮	第二轮	第三轮	第四轮	总分	排名
刘　军	21	19	19	14	73	1
王　强	16	19	14	20	69	2
赵　欣	19	15	15	14	63	3
李　亮	8	15	12	13	48	4
平 均 值	16.00	17.00	15.00	15.25	备 注	

图 1-123　计算结果

2）制作如图 1-124 所示的"老虎日报"，以"表格 7.docx"为文件名保存在个人姓名文件夹下。

提示：先制作表格整体布局，再细化表格内容，文字资源在"Word 学习\13"文件夹下的文件"老虎日报文字资源.doc"中。

 **我来归纳**

对表格中数据的计算要注意以下三个问题：第一，表格中的数据改动后，需要重新计算表格中的生成数据；第二，使用公式来计算表格中的数据时，"="不能省略，要使用英文状

态下的单元格区域标志；第三，合理地运用单元格标志区域可以计算任意范围内的表格数据。

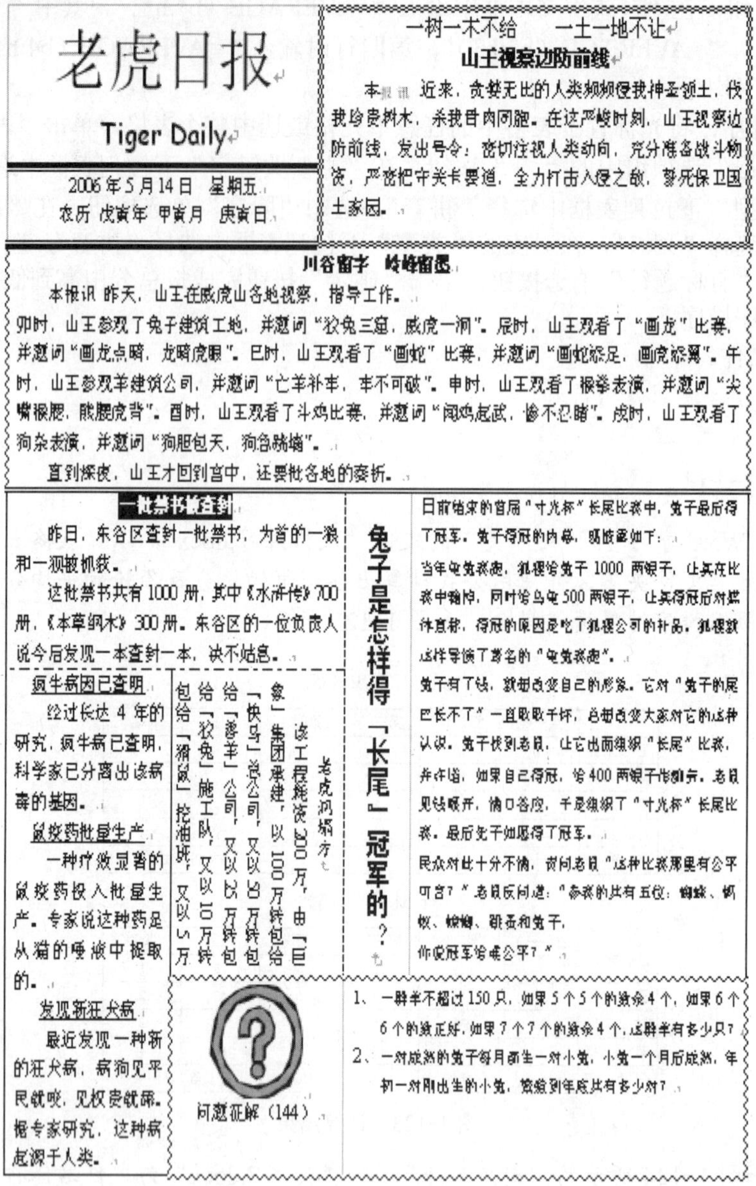

老虎日报

Tiger Daily

2006年5月14日 星期五

农历 戊寅年 甲寅月 庚寅日

一树一木不给 一土一地不让

山王视察边防前线

本报讯 近来，贪婪无比的人类频频侵我神圣领土，伐我珍贵树木，杀我骨肉同胞。在这严峻时刻，山王视察边防前线，发出号令：密切注视人类动向，充分准备战斗物资，严密把守关卡要道，全力打击入侵之敌，誓死保卫国土家园。

川谷留字 岭峰留墨

本报讯 昨天，山王在威虎山各地视察，指导工作。

卯时，山王参观了兔子建筑工地，并题词“狡兔三窟，威虎一洞”。辰时，山王观看了“画龙”比赛，并题词“画龙点睛，龙睛虎眼”。巳时，山王观看了“画蛇”比赛，并题词“画蛇添足，画虎添翼”。午时，山王参观羊建筑公司，并题词“亡羊补牢，牢不可破”。申时，山王观看了猴拳表演，并题词“尖嘴猴腮，熊腰虎背”。酉时，山王观看了斗鸡比赛，并题词“闻鸡起武，惨不忍睹”。戌时，山王观看了狗杂表演，并题词“狗胆包天，狗急跳墙”。

直到深夜，山王才回到宫中，还要批各地的奏折。

一批禁书被查封

昨日，东谷区查封一批禁书，为首的一狼和一狈被抓获。

这批禁书共有1000册，其中《水浒传》700册，《本草纲木》300册。东谷区的一位负责人说今后发现一本查封一本，决不姑息。

疯牛病因已查明

经过长达4年的研究，疯牛病已查明，科学家已分离出该病毒的基因。

鼠疫药批量生产

一种疗效显著的鼠疫药投入批量生产。专家说这种药是从猫的唾液中提取的。

发现新狂犬病

最近发现一种新的狂犬病，病狗见平民就咬，见权贵就舔。据专家研究，这种病起源于人类。

老虎洞矿方

该工程耗资300万，由「巨象」集团承建，以100万转包给「快马」总公司，又以50万转包给「骏羊」公司，又以25万转包给「狡兔」施工队，又以10万转包给「猾鼠」挖油斑，又以5万

兔子是怎样得「长尾」冠军的？

日前结束的首届“寸光杯”长尾比赛中，兔子最后得了冠军。兔子得冠的内幕，现披露如下：

当年龟兔赛跑，狐狸给兔子1000两银子，让其在比赛中输掉，同时给乌龟500两银子，让其得冠后对媒体直称，得冠的原因是吃了狐狸公司的补品。狐狸就这样导演了著名的“龟兔赛跑”。

兔子有了钱，就想改变自己的形象。它对“兔子的尾巴长不了”一直耿耿于怀，总想改变大家对它的这种认识。兔子找到老鼠，让它出面组织“长尾”比赛，并许诺，如果自己得冠，给400两银子作酬劳。老鼠见钱眼开，满口答应，于是组织了“寸光杯”长尾比赛。最后兔子如愿得了冠军。

民众对此十分不满，责问老鼠“这种比赛那里有公平可言？”老鼠反问道：“参赛的共有五位：蜘蛛、蚂蚁、蝌蚪、跳蚤和兔子，

你说冠军给谁公平？”

问题征解（144）

1、一群羊不超过150只，如果5个5个的数余4个，如果6个6个的数正好，如果7个7个的数余4个，这群羊有多少只？

2、一对成熟的兔子每月都生一对小兔，小兔一个月后成熟，年初一对刚出生的小兔，繁殖到年底共有多少对？

图 1-124 老虎日报

案例14 编制数学公式——公式的插入与编辑

【教学指导】

通过制作数学公式来学习在 Word 2010 中插入公式的方法，达到可以熟练编制各种公式

的要求。

【学习指导】

任务

通过这一阵子的 Word 学习，豆子我已经可以在课余时间帮助各科老师打一些不太机密的试卷，这也使得众同学对我的仰慕多了几分，看来离我成为 Word 明星之日不远了（嘻嘻，不好意思，自夸了一小下）。

今天我又自告奋勇地去数学老师那里接了一套试卷，回去一看，其他的还好说，就是各种五花八门的数学公式让我头疼，难道要我手动地将它们写上不成，还是要对老师说"Sorry, I can't."，这样岂不是丢尽我的面子。不行，我一定要让这些公式乖乖地听话。制作效果如图 1-125 所示。

$$k_{1,2} = \frac{\sqrt{i^2 + m^2 + n^2}}{2}$$

图 1-125　公式制作效果

知识点

在编辑数学、化学等有关自然科学的文档时，经常要用到各种公式，Word 2010 提供的公式编辑器可以方便地实现各种公式的插入和编辑。

一、公式的插入

1）单击"插入"选项卡中"π 公式 ·"选项组中的"π 插入新公式(I)"按钮，文档插入点处出现公式编辑区 在此处键入公式。，菜单出现"公式工具设计"选项卡。

2）"公式工具设计"功能区如图 1-126 所示。

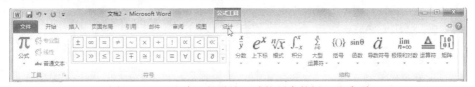

图 1-126　"公式工具设计"功能区中的插入公式项

3）根据公式编辑的需要单击各个模板及符号项，选择合适的符号或运算符，观察光标长短的变化，输入或插入各种运算符号、变量或数字，来构造公式。也可以在"公式工具设计"选项卡中单击"π 公式"按钮，插入软件自带的公式。

4）单击公式编辑文档区除公式编辑区外的任意位置，结束公式编辑，此时公式以一个对象的形式插入到文档中。

注意：1）只有在文档区中插入公式之后，才会出现"公式工具设计"选项卡。2）在"公式工具设计"选项卡中，所有下面带有 · 标记的按钮用鼠标按住会显示出按钮所对应的公式结构样板或框架（包含分式、积分和求和等）。3）输入公式时，合理使用光标键移

动光标，观察光标的位置及长短变化。4）尽量使用软件内置的公式样式，根据实际情况调整其中个别组成部分。5）复制、移动操作的巧妙使用，可以快捷输入同一种模式的公式内容。

二、公式的编辑

1）插入公式后，可以对公式进行编辑。鼠标单击公式，随即进入公式编辑状态，可以添加或删除字符或运算符，也可以设置公式内部的数据、格式、尺寸等。

选中公式的某个或某些符号及运算符，单击功能区中的各个选项（如编辑、格式、样式等）即可对选中部分的公式进行编辑。如图 1-127 所示为选中变量"k"后，设置其颜色的方法。在公式中单个字符的大小调整后，公式中所有字符的大小都会随之改变。

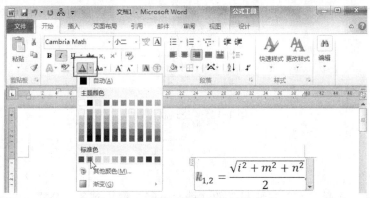

图 1-127　在公式编辑区中编辑公式

2）在文档区中编辑公式。在文档区中，允许将插入的公式作为对象进行编辑，编辑方法是选中公式并单击鼠标右键，在弹出的快捷菜单中（见图 1-128）可以对公式进行"剪切""复制""粘贴"等操作；"字体"和"段落"选项与菜单的功能相同，可以编辑公式的字体和段落格式；同一公式的"专业型"和"线性"设置显示区别如图 1-129 所示。

$$k\_1,2 = \sqrt{(i\char`^2 + m\char`^2 + n\char`^2)}/(2)$$

线性

$$k_{1,2} = \frac{\sqrt{i^2 + m^2 + n^2}}{2}$$

专业型

图 1-128　选中公式后单击鼠标右键出现的快捷菜单　　　图 1-129　同一公式的不同显示方法

操作步骤

1）新建一篇 Word 文档，以"公式.doc"为文件名保存在个人姓名文件夹下。

2）单击"插入"选项卡中"π 公式 ·"选项组中的"π 插入新公式(I)"按钮，展开如图 1-126 所示的"公式工具设计"选项卡。

3）单击 $e^x_{\text{上下标}}$ 按钮，选择样式 $\Box^\Box$ 按钮模板，在公式编辑文档区 $\Box^\Box$ 红框所示位置输入"k"，再在 $_\Box$ 红框所示的位置输入下标"1，2"，右移光标输入"="，公式编辑区中出现"$k_{1,2}=$"。

单击 $\frac{x}{y}_{\text{分数}}$ 分数模板中的 $\frac{\Box}{\Box}$ 按钮，移动光标至分式分子位置，单击"公式工具设计"选项卡中 $\sqrt[n]{x}_{\text{格式}}$ 中的 $\sqrt{\Box}$ 按钮，把光标移动到根号内，单击 $e^x_{\text{上下标}}$ 模板中的 $\Box^\Box$ 按钮，在 $k_{1,2}=\frac{\sqrt{\Box}}{}$ 中的 $\Box$ 区输入"2"，移动鼠标到右侧输入"+"，再用相同的方法输入 m^2+n^2 （也可以把光标移动到根号内，先输入"i+m+n"；鼠标拖选字符"i"单击 $e^x_{\text{上下标}}$ 模板中的 $\Box^\Box$ 按钮，在 $k_{1,2}=\frac{\sqrt{i^\Box+m+n}}{}$ 中的 $\Box$ 区输入"2"，公式编辑区中出现"$k_{1,2}=\frac{\sqrt{i^2+m+n}}{}$"）。

4）移动光标至分母区，输入"2"，公式编辑完毕。

5）设置公式格式：选中公式编辑区中的"k"，单击鼠标右键选择"字体"菜单，设置"k"的尺寸为"小三号""红色"，可以看到公式内整体字符大小都随之改变，但只有"k"的颜色变为红色 $k_{1,2}=\frac{\sqrt{i^2+m^2+n^2}}{2}$。

6）单击公式编辑区外的任何位置，返回文档窗口，保存文件。

我来试一试

制作下列公式，以"公式练习.docx"为文件名保存在个人姓名文件夹下。

1）$\dfrac{P(x)}{(x+a)^3}=\dfrac{A_1}{x+a}+\dfrac{A_2}{(x-a)^2}+\dfrac{A_3}{(x-a)^3}$

2）$f_1(x)\cdot f_2(x)=\sum_{n=0}^{\infty}(a_0b_n+a_1b_{n-1}+\cdots+a_nb_0)\ x^n \qquad (|x|>R)$

3）$x=\dfrac{-b\pm\sqrt{b^2-4ac}}{2a}$

4）$\begin{aligned}(a+b)^2&=(a+b)(a+b)\\&=(a^2+2ab+b^2)\end{aligned}$

5）$S=\sqrt{s(s-a)(s-b)(s-c)}$

6）$\begin{aligned}\int_0^\infty f(x,\ y,\ z)\Big|_0^n ds&=\iint_a^b S(x)du\\&=\int_0^{\frac{\pi}{2}}e^{-x^2}\sin^n x\,dy\end{aligned}$

7）半角公式 $\begin{cases}\sin\dfrac{A}{2}=\sqrt{\dfrac{(s-b)(s-c)}{bc}}\\[2ex]\sin\dfrac{B}{2}=\sqrt{\dfrac{(s-c)(s-a)}{ca}}\\[2ex]\sin\dfrac{C}{2}=\sqrt{\dfrac{(s-a)(s-b)}{ab}}\end{cases}$

8) $\dfrac{\cos\alpha}{l}=\dfrac{\cos\beta}{m}=\dfrac{\cos\gamma}{n}=\dfrac{1}{k}$

9) $s(t)=\displaystyle\sum_{x=0}^{\infty}x_i^2(t)$

10) $\dfrac{a}{b}\pm\dfrac{c}{d}=\dfrac{ad\pm bc}{bd}$

我来归纳

在公式的制作与排版中，要注意以下四条基本规则：一要主线（中线）对齐；二要正确使用正体和斜体字母；三要注意公式的居中和上下对齐，要注意公式转行时符号的对齐；四要根据插入点光标长短的变化来输入不同位置的符号及运算符。

案例15 校庆邀请函—— 邮件合并与录制宏

【教学指导】

通过制作"校庆邀请函"来学习 Word 2010 中邮件合并、录制宏的方法，达到可以熟练使用 Word 高级功能的要求。

【学习指导】

任务

我们的学校要 30 年校庆了，我也奉命给各位校友制作邀请函，如图 1-130 所示。人员名单和工作单位已给出，如图 1-131 所示。难道需要我一个个将他们添入到邀请函中，这岂不是太麻烦了？这时，我想到了 Word 2010 的一种高级功能：邮件合并。合并后制作效果如图 1-132 所示。

图 1-130　邀请函示例

单位	姓名
长春市教育局	王庆礼
吉林市税务局	张天络
四平市水利局	李 鹏
延吉市木器厂	赵志强

图 1-131　人员名单及工作单位

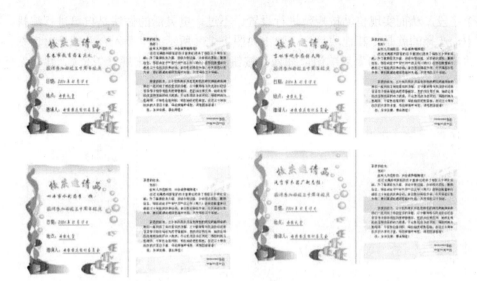

图 1-132　合并后的邮件示例

知识点

一、邮件合并

邮件合并是 Word 2010 的高级功能之一，所谓"邮件合并"就是在邮件文档的固定内容中，合并与发送信息相关的一组通信资料，使打印输出可批量处理。如在样章中，就是使用了"邮件合并"的功能将图 1-130 与图 1-131 的内容合并，在主文档"邀请函"中自动加入了"单位"与"姓名"，省去了许多手工操作。

打开主文档，单击"邮件"选项卡中的"开始邮件合并"选项组中的"邮件合并分步向导"按钮，在 Word 工作区的右侧将会出现邮件合并的任务窗格。它将引导我们一步一步、轻松地完成邮件合并。在同一个菜单中，我们还可以选择显示邮件合并工具栏，方便操作。

1）首先在图 1-133 中选择文档的类型，使用默认的"信函"即可，之后在任务窗格的下方单击"下一步：正在启动文档"。

2）如果主文档已经打开，在图 1-134 中选择"使用当前文档"作为开始文档即可，进入下一步。

3）选择收件人，即找到数据源，如图 1-135 所示。这里使用的是现成的数据表，选择"使用现有列表"，并单击下方的"浏览"，选择数据表所在的位置并将其打开（如果工作簿中有多个工作表，则选择数据所在的工作表并将其打开）。在随后弹出的如图 1-136"邮件合并收件人"对话框中，可以对数据表中的数据进行筛选和排序，完成之后进入下一步。

4）撰写信函，这是最关键的一步，如图 1-137 所示。这时任务窗格上显示了"地址块""问候语""电子邮政"和"其他项目"四个选项。前三个的用途就如它们的名字一样显而易见，是经常用到的一些文档规范，用户可以将自己的数据源中的某个字段映射到标准库中的某个字段，从而实现自动按规范进行设置。不过，更灵活的做法是自己进行编排。在这个例子中，选择的就是"其他项目"，弹出如图1-138所示的"插入合并域"对话框，分别在选中"单位"和"姓名"后单击"插入"按钮，看到文档中出现"单位""姓名"后单击"关闭"按钮。

图1-133　选择文档类型

图1-134　选择开始文档

图1-135　选择收件人

图1-136　"邮件合并收件人"对话框

5）预览信函，可以看到一封一封已经填写完整的信函。在预览的过程中发现了问题，还可以进行更改，如对收件人列表进行编辑以重新定义收件人的范围，或者排除已经合并完成的信函中的若干信函。完成之后进入最后一步：完成合并。

6）在完成合并窗口，既可以打印信函，也可以单击"编辑单个信函"按钮对信函进行编辑。

图1-137　撰写信函

图1-138　"插入合并域"对话框

二、录制宏

有时需要重复地执行一系列复杂的Word命令，如设置字体的颜色、字号、段间距等，用户可以将这一系列命令录制成宏，以后要执行这些命令时，只要执行这个录制好的宏就可以完成所有的操作，可见宏是将一系列Word命令组合成为一个单独执行的命令。

1．录制宏

录制宏是将一系列Word操作录制下来。

（1）录制宏的方法

选项卡方法——在"视图"选项卡"宏"选项组中单击"宏"下拉列表中的"录制宏"按钮。

（2）录制宏的步骤

1）单击"视图"选项卡中"宏"选项组中"宏"下拉列表中的"录制宏"按钮，出现如图1-139所示的"录制宏"对话框。

2）在"宏名"文本框中，输入宏的名称；在"将宏保存在"下拉列表框中，选择要用来保存宏的模板或文档；在"说明"框中，输入对宏的说明（可以省略）。

3）在"录制宏"对话框中，如果单击"按钮"按钮，则可以将宏指定到工具栏或菜单，方法是在"word选项"对话框中选择对应的菜单或工具栏选项卡，如"快速访问工具栏"，则单击"添加"按钮将文本框下正在录制的宏添加到快速访问工具栏中，在"自定义快速访问工具栏"下选择宏命令所适用的范围，单击"确定"按钮开始录制宏。如果单击"键盘"按钮，则可以为宏指定快捷键，方法是在"自定义键盘"对话框中单击"命令"文本框中正在录制的宏，在"请按新快捷键"文本框中输入所需的快捷键，再单击"指定"按钮，然后单击"关闭"

按钮开始录制宏；如果直接单击"关闭"按钮，则不指定宏的位置，直接录制宏。

4）用鼠标单击宏中所包含的命令和选项，开始录制宏，在"视图"选项卡中"宏"选项组中展开如图1-140所示的停止录制工具栏，单击"暂停录制"按钮可以暂时停止录制，单击"停止录制"按钮可以停止宏的录制。

图1-139 "录制宏"对话框

图1-140 停止录制工具栏

2．运行宏

录制宏后，可以运行宏。

（1）运行宏的方法

1）选项卡方法——单击"视图"选项卡中"宏"选项组中"宏"下拉列表中的"查看宏"按钮，打开"宏"对话框，选中宏，单击"运行"按钮运行该宏。

2）快捷键、工具栏、菜单项方法——如果在图1-139所示的"录制宏"对话框中，选择了将宏指定到"工具栏"则可以使用定义的工具按钮或菜单命令来运行宏；如选择了"快捷键"则可使用定义的快捷键运行宏。

（2）运行宏的步骤

1）打开要运行宏的文档，选定要运行宏的对象。

2）单击"视图"选项卡中"宏"选项组中"宏"下拉列表中的"查看宏"按钮，弹出"宏"对话框，如图1-141所示。

3）在"宏的位置"下拉列表框中选择宏所在的模板，在"宏名"列表框中选择要运行的宏。

4）单击"运行"按钮，所选择的宏即被运行。

> 注意：如果要删除录制好的宏，则只要在如图1-141所示的"宏"对话框中，在"宏名"列表框中选择要删除的宏，单击"删除"按钮即可。

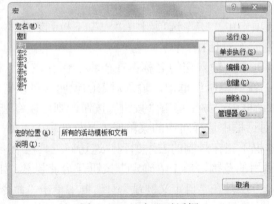

图1-141 "宏"对话框

 操作步骤

1）根据"Word 学习\15"文件夹下的素材制作如图 1-132 所示的邀请函（也可直接打开"Word 学习\15"文件夹下制作好的文件"邀请函.docx"）。

2）确定数据源：使"邀请函.docx"成为当前主窗口，单击"邮件"选项卡中"选择收件人"选项组中的"使用现有列表"按钮，在"选取数据源"对话框中，选择"Word 学习\15"文件夹下的文件"数据源.docx"，单击"打开"按钮。

3）插入合并域：在主文档编辑区，移动光标至"敬请参加母校三十周年校庆"上一行，单击"邮件"选项卡中"选择收件人"选项组中的"插入合并域"按钮，分别选择"单位""姓名"插入，并输入符号"："。

4）合并数据和文档：单击"邮件"选项卡中"选择收件人"选项组中的"完成并合并"下拉列表框中的"编辑单个文档"按钮，在"合并到新文档"对话框中选择"合并记录"项为"全部"，单击"合并"按钮，则新合并好的文档以新文档的形式出现在新窗口中。

5）将新合并好的文档保存在姓名文件夹下。

 我来试一试

1. 按照以下要求，完成邮件合并工作

1）创建主文档：打开"Word 学习\15"文件夹下的文件"成绩单主文档.doc"。

08 电子商务一班期末考试成绩单

姓　　名		语文		数学		总分	
		英语		政治			
		财务		工会		平均分	
		Word					

2）创建数据源：打开"Word 学习\15"文件夹下的文件"成绩单数据源.doc"。

姓　　名	语文	数学	英语	政治	财务	工会	Word	总分	平均分
赵球球	90	95	93	92	90	98	99	657	93.86
孟静	88	96	78	86	88	90	95	621	88.71
吴柯	79	90	68	87	92	80	93	589	84.14
刘榴	92	68	89	93	74	88	84	588	84.00
姜水	85	76	90	86	83	94	73	587	83.86

3）利用邮件合并功能将其合并为如下的文档。

08 电子商务一班期末考试赵球球成绩单

姓　　名		语文	90	数学	95	总分	
		英语	93	政治	92		657
赵球球		财务	90	工会	98	平均分	
		Word	99				93.86

08 电子商务一班期末考试孟静成绩单

姓　　名		语文	88	数学	96	总分	
		英语	78	政治	86		621
孟静		财务	88	工会	90	平均分	
		Word	95				88.71

08 电子商务一班期末考试吴柯成绩单

姓　名	语文	79	数学	90	总分	589
	英语	68	政治	87		
吴柯	财务	92	工会	80	平均分	84.14
	Word	93				

08 电子商务一班期末考试刘榴成绩单

姓　名	语文	92	数学	68	总分	588
	英语	89	政治	93		
刘榴	财务	74	工会	88	平均分	84.00
	Word	84				

08 电子商务一班期末考试姜水成绩单

姓　名	语文	85	数学	76	总分	587
	英语	90	政治	86		
姜水	财务	83	工会	94	平均分	83.86
	Word	73				

2．录制宏

1）在 Word 中新建一个文件，以"录制宏.docx"保存在姓名文件夹下。

2）在该文件中输入文字"录制字体及段落的宏演示"，并分段复制 3 遍。

3）创建一个名为"A1"的宏，将宏保存在"录制宏.doc"中，使用<Alt+Shift+S>作为快捷键，设置字体为蓝色、小二，段间距为 1.5 倍行距。

4）选中整个文件，在"录制宏.docx"文档中运行宏"A1"，观察文件效果。

5）保存文件。

我来归纳

邮件合并是 Word 2010 非常实用的功能，可用于制作工资条、老师给学生做成绩单、领导给下属反馈个人信息等，这样既保密又方便。对于多个 Word 命令反复操作的情况，使用录制宏命令非常简便实用。

案例16 我来大展宏图——Word 2010 长文档排版

【教学指导】

通过长文档排版来复习巩固 Word 2010 知识点，达到可以独立制作多页综合 Word 文档的要求，培养学生的综合能力。

【学习指导】

任务

经过2个多月的学习，豆子我已经掌握了文档处理、图文混排、表格制作、高级设置等多项 Word 功能。今天我要制作一个集目录、图文等元素于一体的长文档排版，学为所用，一展我的过人的才华。

知识点

一、样式的创建

长文档排版在 Word 排版中是很常见的。长文档有它自身的特点：文字多，但各级标题与正文的字体设置与段落设置又很有规律。如果运用常规的排版方法，则会使用大量的时间对文字部分的字体及段落进行设置。为了节省时间，文字部分的设置可以使用样式这一强大的工具。

对于样式设置的操作均在样式功能区内完成，如图 1-142 所示。

图 1-142 样式功能区

1）样式创建的方法：单击"开始"选项卡中"样式"选项组中的相应按钮。

2）在进行文字排版时可以使用内置样式，但因为各个文档设置的要求均有所差异，因此，通常会自定义样式。操作步骤如下：

① 单击"开始"选项卡中"样式"选项组右下角的" ⬚ "按钮，在弹出的如图 1-143 所示的"样式"任务窗格中选择"⬚"（新建样式命令）。

② 在弹出的如图 1-144 所示的"根据格式设置创建新样式"对话框中，在属性栏中定义样式名称与样式类型；在格式栏中设置字体格式与段落格式，如果默认格式不能满足使用者的需要，则可以单击下方的"格式"按钮，进行字体、段落、制表位、边框、语言、图文框、编号、快捷键、文字效果等的设置，设置完成后，选中"添加到快速样式列表"复选框。

③ 单击"确定"按钮完成创建。

图 1-143 "样式"任务窗格

图 1-144 "根据格式设置创建新样式"对话框

二、样式的应用

要把自定义好的样式应用到文本上，操作非常简单。

1）选中要修改的文本。

2）单击快速样式列表中相应的样式，完成样式的应用。

三、样式的修改

在把样式应用到文本上之后，如果需要统一修改标题或正文的格式设置，则无需到文档中进行修改，只要修改样式，就可以直接将属于这个样式下的所有文本修改过来了。

操作步骤如下：

1）在快速样式列表中选择需要修改的样式。

2）单击鼠标右键，在弹出的快捷菜单中选择"修改"命令。

3）在弹出的如图 1-145 所示的"修改样式"对话框中，在属性栏修改样式的名称；在格式栏修改文本的格式，修改的方法同设置时相同。

4）单击"确定"按钮完成修改。

图 1-145 "修改样式"对话框

四、目录的生成

长文档通常需要目录，如果按照文档内容一一进行目录的录入，则需要耗费大量对照与查找的时间，这样会大大降低排版速度。使用目录的生成功能就可以快速自动生成文档目录。

1．目录生成的方法

选项卡方法——单击"引用"选项卡中"目录"选项组中"目录"下拉列表中的"插入目录"按钮。

2．目录生成的步骤

1）将文档视图模式改为大纲视图，如图 1-146 所示。

2）选中需要修改级别的文本，将其大纲级别修改为正文文本以外的 1 级、2 级、3 级等。

3）关闭大纲视图。

4）单击"引用"选项卡中"目录"选项组中"目录"下拉列表中的"插入目录"按钮，弹出如图 1-147 所示的"目录"对话框。在"目录"对话框中进行显示页码、前导符、目录的格式及显示级别的设置。

5）单击"确定"按钮完成设置。

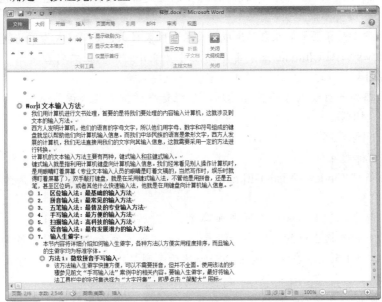

图 1-146 将文档视图模式改为大纲视图

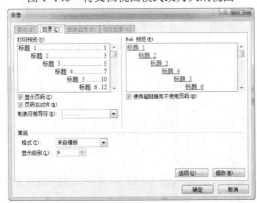

图 1-147 "目录"对话框

我来试一试

素材文件："三个常用的图片功能介绍.docx""索引词.txt""图 5.jpg""图 7-1.jpg""图 7-2.jpg""图 7-3.jpg""office. Jpg"均在文件夹"Word 学习\16"中。

1）设置各级标题的样式格式，要求如下。

① 标题 1：中文字符黑体，英文字母 Arial，小初，加粗，段前 0 行，段后 0 行，单倍行距。

② 标题 2：黑体小二，加粗，段前 1 行，段后 0.5 行，1.2 倍行距。

③ 标题 3：宋体三号，段前 1 行，段后 0.5 行，1.73 倍行距。

④ 标题 4：黑体四号，段前 7.8 磅，段后 0.5 行，1.57 倍行距。

⑤ 正文：中文字符与标点符号宋体，英文字母 Times New Roman，小四，段前 7.8 磅，段后 0.5 行，1.2 倍行距。

2）第 1 页为封面页，插入艺术字"Word 2003 复赛操作题"，首页不显示页码。

3）第 2 页为子封面页，插入样式为标题 1 的标题"Windows Vista Ultimate 三个常用的图片功能介绍"，该页不显示页码。

4）第 3、4 页为目录页，插入自动生成的目录和图表目录，页码格式为罗马数字格式Ⅰ、Ⅱ。

5）"Windows Vista Ultimate 三个常用的图片功能介绍"的正文内容起始于第 5 页，结束于第 14 页，第 14 页为封底。这一部分内容的排版要求如下。

① 为文档添加可自动编号的多级标题，多级标题的样式类型设置如下。

1　　　标题 2 样式

1.1　　标题 3 样式

1.1.1　标题 4 样式

② 插入页眉"Windows Vista Ultimate 三个常用的图片功能介绍"，页脚为页码，页码格式为"1""2""3"等。

③ 为正文部分的第 1 页和第 4 页添加脚注。

④ 将表格 1 和表格 2 中的文字字号设置为五号，所在页面方向设置为横向，并且页边距设置为上下页边距 1.5cm，左右页边距 2cm，然后参照"PDF 样例文件"对表格进行边框与底纹的美化。

⑤ 使用给定的素材图片"图 5.jpg"，在正文部分第 4 页插入图片并进行调整，实现 PDF 样例文件中的显示效果。

⑥ 使用给定的素材图片"图 7-1.jpg""图 7-2.jpg""图 7-3.jpg"，在正文部分第 8 页插入图片并进行设置，实现"PDF 样例文件"中的显示效果。

⑦ 在正文部分第 9 页插入自动生成的索引，索引词见"索引词.txt"。

⑧ 使用图片素材"office.jpg"制作封底，封底不显示页眉页脚。

我来归纳

通过长文档的排版练习，可以复习巩固 Word 知识点，增强综合应用能力及创新能力的培养。

第 2 篇　电子表格（Excel 2010）

球球发言

豆子已经学习完了 Office 2010 中的 Word 文字处理软件了，他对学习 Office 2010 的兴趣越来越浓。早就听说 Office 2010 还有其他组件，先学哪一个呢？老师向他推荐先学习电子表格 Excel 2010，那么球球又是和他怎么说的呢？

豆子：在 Word 2010 中已经学习过表格的有关操作了，为什么还要学习电子表格呢？

球球：Word 中的表格可以很方便地进行表格的格式化和简单的数据运算，但是还有专门对数据处理和分析的软件啊，那就是电子表格 Excel 2010。它可以更快捷地处理和分析数据，在我们日常生活、学习和工作中应用很广泛。

豆子：我们学生就经常接触一些数据，比如班级学生情况的数据，班级中各科考试后所产生的数据等，这些都可以用 Excel 2010 来处理吗？

球球：当然可以，而且使用起来更简单，Excel 2010 也很容易学会！

豆子：那么 Excel 2010 的具体功能是什么呢？可以做哪些工作？

球球：我们可以在 Excel 2010 中输入和编辑数据；可以对工作表中的数据进行各种运算；可以对工作表中的数据进行排序、筛选、分类汇总；可以分析表中的数据；还可以生成图表直观地显示数据。当然也可以美化工作表，使工作表在打印出来之后更漂亮！总之，Excel 2010 功能强大，简单易学。

❖ 本篇重点

1）掌握电子表格 Excel 2010 应用程序界面的组成。

2）理解并掌握编辑工作表的基本方法。

3）掌握格式化单元格、美化工作表的方法。

4）掌握表格中数据运算的方法，重点掌握编辑公式中单元格的引用和常用函数的使用。

5）重点掌握数据的排序、筛选、分类汇总。

6）初步掌握数据的合并、数据透视表。

7）掌握图表的创建和编辑。

8）掌握在工作表中插入图片、图形、艺术字和文本框的方法。

案例 1

"我"的与众不同——Excel 图形界面

【教学指导】

由任务引入，演示讲解 Excel 的启动、退出、工作界面、视图方式以及其新增功能，讲解工作簿与工作表的关系，说明工作表添加及工作表的操作方式方法，为以后学习工作表的其他内容打下良好的基础。

【学习指导】

任务

豆子初中毕业后来到了一所计算机中专学校，在所学课程中豆子最喜欢学习计算机方面的课。他在 Windows 操作系统、打字、Word 这些课上的成绩都很好，尤其是 Word。自从学习了 Word 后豆子一直都想了解微软 Office 的其他软件，听老师说 Excel 是一款很好用的 Office 软件，尤其对处理数据有很大的帮助。那到底 Excel 窗口与 Word 有什么不同呢？它应该如何使用呢？接下来我们就和豆子一起开始 Excel 的学习吧！

知识点

一、熟悉 Excel 2010 的工作界面

Excel 2010 窗口如图 2-1 所示，其中的编辑区是 Word 中所没有的。

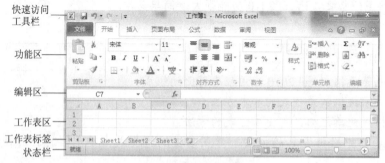

图 2-1　Excel 2010 窗口

二、Excel 2010 的新增功能

1. Backstage 视图

Backstage 视图是 Excel 2010 程序中的新增功能，它是 Microsoft Office Fluent 用户界

面的最新创新技术，并且是功能区的配套功能。选择"文件"选项卡，即可访问 Backstage 视图，用户可以在此打开、保存、打印、共享和管理文件，还可以设置程序选项，如图 2-2 所示。

图 2-2　Backstage 视图

2．自定义

Excel 2007 中首次引入了功能区，可以将命令添加到快速访问工具栏，但无法在功能区上添加用户自己的选项卡或组。但是在 Excel 2010 中，用户可以创建自己的选项卡和组，还可以重命名或更改内置选项卡和组的顺序。但是，不能重命名默认命令，不能更改与这些命令相关联的图标或更改这些命令的顺序。

3．迷你图

用户可以使用迷你图（适合单元格的微型图表）以可视化方式汇总趋势和数据。由于迷你图在一个很小的空间内显示趋势，因此对于仪表板或需要以易于理解的可视化格式显示业务情况时，迷你图尤其有用。选择"插入"选项卡，在功能区里即可找到迷你图。

4．切片图

切片器是 Excel 2010 中的新增功能，它提供了一种可视性极强的筛选方法来筛选数据透视表中的数据。一旦插入切片器，用户即可以使用按钮对数据进行快速分段和筛选，用来显示所需要的数据。

5．粘贴预览

用户可以在 Excel 2010 中或多个其他程序之间重复使用内容以节省时间。用户可以使用此功能预览各种粘贴选项，如"保留源列宽""无边框"或"保留源格式"。通过实时预览，可以在将粘贴的内容实际粘贴到工作表中之前预览此内容的外观。当将鼠标指针移到"粘贴选项"上方预览结果时，将看到一个菜单，其中所含的菜单项将根据上下文而变化，以更好地适应要使用的内容。

6．数据透视图增强功能

当在 Excel 表格、数据透视表和数据透视图中筛选数据时，用户可以使用新增的搜索框，该搜索框可以使用户在大型工作表中快速找到所需的内容。

办公软件实训教程

三、工作簿与工作表的关系

一个工作簿即为一个 Excel 文件，工作簿名为文件名，新建的工作簿文件名默认为：工作簿 1。工作表置于工作簿内部，相当于教师教案页，而工作簿相当于教师的教案夹，见表 2-1。

表 2-1 工作簿与工作表

工作簿	默认含工作表个数	最少含工作表个数	最多含工作表个数
	3（Sheet 1，Sheet 2，Sheet 3）	1	255
工作表	包含行数	包含列数	
	65 536 行（1~65 536）	256 列（A~IV）	

四、工作表操作

工作表的操作见表 2-2。

表 2-2 工作表的操作

功　能	快速访问方式		其　他　方　式	
插入	执行"开始"→"插入"		选择任意一个工作表标签并单击鼠标右键，在弹出的快捷菜单中选择"插入"命令。快捷键方式：按<Shift+F11>组合键	
复制	执行"开始"→"格式"→"移动或复制工作表"		选择任意一个工作表标签并单击鼠标右键，在弹出的快捷菜单中选择"移动或复制工作表"命令	按<Ctrl>键+拖动工作表标签
移动	执行"开始"→"格式"→"移动或复制工作表"		选择任意一个工作表标签并单击鼠标右键，在弹出的快捷菜单中选择"移动或复制工作表"命令	单击拖动要移动的标签到合适位置处
重命名	执行"开始"→"格式"→"重命名工作表"		双击选中的工作表标签，反黑显示，输入新的名字 三击选中的工作表标签，插入状态，修改名字	
删除	执行"开始"→"删除"→"删除工作表"		选择任意一个工作表标签并单击鼠标右键，在弹出的快捷菜单中选择"删除"命令	
选择	单个工作表：单击工作表标签	多个：按<Ctrl>键+单击其他工作表标签	多次连续按<Shift>键+单击结尾工作表标签	全部：选择任意一个工作表标签并单击鼠标右键，在弹出的快捷菜单中选择"选定全部工作表"命令
隐藏	单击"开始"→"格式"→"隐藏或取消隐藏"			

操作步骤

1）选择"开始"→"所有程序"→"Microsoft Office"→"Excel 2010"命令。
2）观察快速访问工具栏、功能区、工作窗口与 Word 的不同之处。
3）观察工作簿与工作表的关系。
4）分别使用表 2-2 提供的各种方法进行工作表的操作。

注意：一定要先选定后操作。

我来试一试

1）新建一个工作簿，并命名为"新的工作簿"。

2）将工作簿中的 Sheet 1 工作表重命名为"学生成绩"。

3）在"学生成绩"工作表中简单输入一些数据后，将其复制到 Sheet 2 中。

4）插入新工作表"Sheet 4"。

5）删除工作表 2。

6）交换"学生成绩"工作表和"Sheet 4"工作表的位置。

我来归纳

保存工作簿与保存 Word 文档相似，自己试一下就可以了。保存了工作簿，工作表也就同时被保存，且同时将工作簿内所有工作表都保存了。在对工作表进行操作时一定要明确要做的是什么，然后再操作。

案例 2

我来小试牛刀——制作表格

【教学指导】

以建立一个简单表格为例，重点讲解文字、数字、日期时间等数据的录入方法。演示讲解单元格命名规则及单元格区域的选定方法，并教会学生如何在 Excel 中查找和替换。

【学习指导】

任务

刚开始学习 Excel，老师就让豆子在 Excel 中建立工作簿，制作班级的学籍管理表格如图 2-3 所示。虽然豆子有一定的 Word 基础，但对 Excel 表格的输入还不太了解。输入文字当然不成问题，但日期怎么输入呢？怎么保留小数位数呀？输错了怎么替换呢？这可让豆子大伤脑筋。这时老师来到了豆子的旁边，在老师的指导下，豆子顺利地学会了数据的录入等操作，真开心啊！

	B	C	D	E	F	G	H	I	J
1	姓名	性别	出生日期	录取成绩	语文	数学	英语	计算机	来源
2	李菲菲	女	1988/5/6	567.5	78	89	97	94	吉林市
3	包霏	男	1987/3/5	487	67	95	80	73	永吉
4	李明曦	女	1986/8/23	502.5	78	98	85	71	吉林市
5	刘慧影	女	1985/6/23	489	87	98	88	81	桦甸
6	王鹤	女	1987/3/23	476	34	100	89	62	吉林市
7	修莹玉	女	1986/2/9	423	87	69	91	68	永吉
8	丁宇	男	1987/7/12	512	98	78	86	79	吉林市
9	张海燕	女	1988/12/23	456	78	83	93	73	吉林市
10									

图 2-3 样表

知识点

一、单元格命名及区域选定

单元格：工作表中行与列的交叉处的区域称为单元格，它是 Excel 2010 进行工作的基本单位。

单元格命名规则：单元格是按照单元格所在的行列位置来命名的，且先列后行，例如：B2，它代表第二行第二列交叉点上的单元格。

单元格区域命名规则：连续的单元格区域，可以用"区域左上角：区域右下角"命名，例如："B2：D4"表示从 B2 单元格到 D4 单元格为对角线的区域。

活动单元格：每张工作表只有一个单元格是活动单元格，特点是四周有粗线框。

定义单元格名称：如果不想使用那些不直观的单元格地址，则可以将其定义成一个名称。名称是建立的一个易于记忆的标志符，可代表一个单元格、一组单元格、数值或公式。

方法：先选定，然后单击"公式"选项卡中"自定义的名称"选项组中的"定义名称"按钮，在"在当前工作簿的名称"文本框中输入一个名称，最后单击"确定"按钮。

选定单元格的方法见表 2-3。

表 2-3　选定单元格区域

选定对象	方法
选定一个单元格区域	将鼠标指向该区域的左上角单元格，按住鼠标左键，然后沿对角线从第一个单元格拖动到最后一个单元格，放开鼠标左键即可，如图 2-4 所示
选定不相邻的单元格区域	先选定第一个单元格区域，按住<Ctrl>键，再选定其他单元格区域，如图 2-5 所示
选定行	请单击该行的行号按钮，如图 2-6 所示
选定列	请单击该列的列标按钮，如图 2-7 所示
选定相邻的行或列	请在行号或列标上拖动
选定整个工作表	"全选"按钮（位于行号与列标左上角的交叉处），如图 2-8 所示
取消选定	选定单元格区域后，在选定区域以外的任意单元格上单击鼠标，则原有的选定被取消

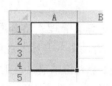

图 2-4　选定一个单元格区域

图 2-5　选定不相邻单元格区域

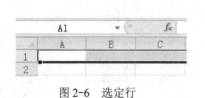

图 2-6　选定行

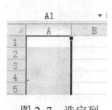

图 2-7　选定列

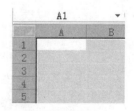

图 2-8　选定整个工作表

二、数据录入

在 Excel 2010 中，录入的数据类型及其确认与移动，见表 2-4 及表 2-5。

表 2-4　数据类型

数据类型	方　式	包　　含	
常量	直接录入	数字：日期、时间、货币、百分比、分数、科学计数法	文字
公式	以 "=" 开头	公式是一个常量值、单元格引用、名字、函数或操作符的序列	

表 2-5　确认与移动

确认录入	指针移动下一单元格
按<Enter>键，且自动移动到下一个单元格	按<Tab+✛>

1. 输入文字

对齐方式：左对齐。

1）单击要输入文字单元格。

2）输入文字。

3）单击编辑栏上的 "输入" 按钮，或按<Enter>键、<Tab>键或箭头键完成输入。

注意：1）宽度处理：默认宽度为 8 个字符。超过单元格宽度时，如果紧接在右边的单元格是空的，则 Excel 将该文字项全部显示。如果其右边的单元格中已有内容，则超出列宽的内容被截断（但没有丢失）。2）数字组成的字符串：以 """ 开头后接数字字符，例如："123"。

2. 输入数字

对齐方式：右对齐。

1）单击要输入数字的单元格。

2）输入数字。

3）单击编辑栏上的 "输入" 按钮，或按<Enter>键、<Tab>键或箭头键完成输入。

注意：1）有效数字：0123456789+ − ( ) / ￥ $%. , Ee。2）负数输入：数字前加上一个负号或（数字）。3）输入分数：分数前面输入 "0" 和空格，否则表示日期；例如："0_1/5"，不以 0 开头，则 Excel 视为日期，表示 "1 月 5 日"。4）输入百分数，先输入数字，再加 "%"。5）显示 "####" 或科学计数法时，表示列宽不够，只要改变数字格式或改变列宽即可。6）"货币" "会计专用" 格式等，在工具栏上设置即可。

3. 输入日期时间

对齐方式：右对齐。

1）单击要输入日期或时间的单元格。

2）以要显示的格式输入日期或时间。

3）单击编辑栏上的 "输入" 按钮，或按<Enter>键、<Tab>键或箭头键完成输入。

注意：1）常规：输入可识别的日期和时间时，自动从 "常规" 格式转换为相应的 "日期" 或 "时间" 格式，而不用专门设置。2）12 小时时钟显示：需输入 am 或 pm，否则会自动使用 24 小时显示时间。3）同一单元格中显示日期和时间：二者之间必须用空格分隔。4）日期分隔符：斜杠（/）或连字符（–）来分隔年、月、日。

三、表中查找替换数据

1．查找命令

单击"开始"选项卡中"编辑"选项组中的 按钮。在"查找内容"文本框中输入要查找的字符串。注意查找目标中最多可输入 255 个英文字符，如图 2-9 所示。

图 2-9 "查找"选项卡

2．替换命令

单击"开始"选项卡中"编辑"选项组中的 按钮。在"查找内容"文本框中输入要查找的字符串，然后在"替换为"文本框中输入要替换的内容，如图 2-10 所示。

图 2-10 "替换"选项卡

 操作步骤

1）新建一个工作簿，在 Sheet 1 中输入如图 2-3 所示的内容。

2）注意数据的对齐方式，以确定其是数值型数据还是数值的字符串数据。

3）在如图 2-3 所示的工作表中进行查找与替换，将姓名"丁宇"找到后替换成"丁扬"。

 我来试一试

1）新建一个工作簿，在 Sheet 1 中输入如图 2-11 所示的内容，在 Sheet 2 中输入如图 2-12 所示的内容，在 Sheet 3 中输入如图 2-13 所示的内容（注意：只输入内容不用对表格进行格式化）。

	A	B	C	D	E	F	G	H	I	J	K
1	班级	学号	姓名	性别	出生日期	录取成绩	语文	数学	英语	计算机	来源
2	0301	030101	孙娜	女	1988-5-6	588.5	78	89	97	94	吉林市
3	0301	030102	孟帅	男	1988-3-5	494	87	95	80	73	永吉
4	0301	030103	何雪	女	1986-8-23	499.9	78	87	87	71	吉林市
5	0301	030104	李雷	女	1985-6-23	478	87	98	88	81	桦甸
6	0302	030201	张柏扬	女	1987-3-23	485	87	100	89	62	吉林市
7	0302	030202	丁扬	女	1986-2-9	489	87	69	91	68	磐石
8	0302	030203	王博	男	1987-7-12	510	87	78	87	79	吉林市
9	0303	030301	刘冰	女	1988-12-23	456	78	83	93	73	吉林市

图 2-11 Sheet 1

图 2-12　Sheet 2

	A	B	C	D	E	F	G	H	I	J
1	学号	姓名	性别	出生日期	录取成绩	语文	数学	英语	计算机	来源
2	030101	孙娜	女	1988-5-6	588.5	78	89	97	94	吉林市
3	030102	孟帅	男	1988-3-5	494	87	95	80	73	永吉
4	030103	何雪	女	1986-8-23	499.9	78	87	87	71	吉林市
5	030104	李雷	女	1985-6-23	478	87	98	88	81	桦甸
6	030105	张柏扬	女	1987-3-23	485	87	100	89	62	吉林市
7	030106	丁扬	女	1986-2-9	489	87	69	91	68	磐石
8	030107	王博	男	1987-7-12	510	87	78	87	79	吉林市
9	030108	刘冰	女	1988-12-23	456	78	83	93	73	吉林市

图 2-13　Sheet 3

2）在 Sheet 2 中将姓名这一列单元格区域命名为"姓名"，然后在"编辑栏"中选择该区域。

3）在 Sheet 3 中查找数据"王博"并替换成"王宇"。

我来归纳

观察输入数据时数据的对齐方式及一些特殊数据的录入方法，掌握对数据的地址引用及名称的正确引用，这样会对以后的学习有很大的帮助。

案例 3　我来编辑工作表——编辑工作表

【教学指导】

由任务引入，演示讲解编辑单元格中的数据、编辑对象的移动、复制；编辑对象的撤销与恢复；编辑对象的删除与清除；对象插入的知识要点及操作方式，使学生学会并熟练掌握编辑工作表的方法。

【学习指导】

任务

老师给了豆子一个未完成的课程表，让豆子完成它。"想考我吧？"豆子暗自在心中想，"看我怎么来完成它，而且会用很巧妙的方法！"，如图 2-14 和图 2-15 所示。

	A	B	C	D	E	F
1		星期一	星期二	星期五	星期四	星期三
2	1	语文				
3	2	数学				
4	3	英语				
5	4	体育				
6	5	自习				
7	6	计算机				
8	7	心理				
9	8	政治				
10	9	音乐				

图 2-14　样表

	A	B	C	D	E	F
1		星期一	星期二	星期三	星期四	星期五
2	1	语文	计算机	英语	数学	英语
3	2	语文	计算机	英语	数学	英语
4	3	英语	数学	数学	计算机	计算机
5	4	英语	数学	数学	计算机	计算机
6	5	心理	体育	音乐	政治	自习
7	6	自习	自习	自习	自习	自习

图 2-15　效果表

想知道我是怎么做出来的吗？先来看看知识点吧！

知识点

一、编辑单元格中的数据

1．在单元格内修改

1）编辑状态。

① 先选中编辑单元格。

② 按<F2>键或双击单元格，出现插入点。

③ 按键盘上的左、右光标键移动插入点至编辑处，然后按<Backspace>键删除插入点前的字符，或按<Delete>键删除插入点之后的字符。

④ 输入正确内容后，按<Enter>键确定修改。

2）如果要新内容取代原内容，则只需选定后输入新内容即可。

2．在编辑栏中修改

1）先选中编辑单元格，使其成为活动单元格。

2）将鼠标指向编辑栏，鼠标呈 I 形。

3）在所需位置单击鼠标左键，该位置出现插入点。

4）对编辑栏中的内容进行修改后单击"确定"按钮或按<Enter>键确定此次修改。

二、移动对象

1．使用拖曳方法移动单元格数据

1）先选定目标单元格或区域。

2）鼠标指针指向数据选定框，指针为十字花箭头。

3）按住鼠标左键并拖至新位置，Excel 显示一个虚线框和位置提示用于定位。

4）松开鼠标左键，选定数据会出现在新位置处，原位置数据消失。如目标单元格中有数据，松开鼠标左键时会出现"是否替换目标单元格内容？"的警告。

2．使用剪贴板方法移动单元格数据

1）先选定目标单元格或区域。

2）单击"开始"选项卡中"剪贴板"选项组中的" ✂ "按钮，或按<Ctrl+X>组合键。此时，选定区域被动态的虚线框包围。

3）选定目标区域的左上角的单元格。

4）单击"开始"选项卡中"剪贴板"选项组中的"📋"按钮，或按<Ctrl+V>组合键。

3．移动列与行

1）选定要移动的行或列。

2）单击"开始"选项卡中"剪贴板"选项组中的"✂"按钮，或单击鼠标右键选择快捷菜单中的"剪切"命令。

三、复制对象

复制对象的方法见表 2-6。

表 2-6　复制对象的方法

复制对象	方　法	
	拖　拽	剪　贴　板
单元格数据	1）先选定目标单元格或区域 2）将鼠标指针指向数据选定框，指针为斜向箭头 3）按住<Ctrl>+鼠标左键拖至目标位置。Excel 显示一个虚线框和位置提示，用以定位 4）松开左键和<Ctrl>键后，在新位置出现一个副本	1）先选定目标单元格或区域 2）单击"开始"选项卡中"剪贴板"选项组中的"📋▼"按钮。此时，选定区域被动态的虚线框包围 3）选定目标区域的左上角单元格
列与行	1）选定要复制的行或列 2）单击"开始"选项卡中"剪贴板"选项组中的"📋▼"按钮或单击鼠标右键选择快捷菜单中的"复制"命令	
特定内容	仅对单元格中的公式、数字、格式进行复制	1）选定要复制的单元格 2）单击"开始"选项卡中"剪贴板"选项组中的"📋▼"按钮或单击鼠标右键选择快捷菜单中的"复制"命令 3）选定目标区域单元格 4）在"开始"选项卡中"剪贴板"选项组中，选择粘贴方式 5）单击"确定"按钮

四、插入对象

插入对象的方法见表 2-7。

表 2-7　插入对象的方法

插入对象	方　法
单元格数据	1）在要插入单元格的位置选定单元格，Excel 将根据被选单元格数目决定插入单元格的个数 2）单击"开始"选项卡中"单元格"选项组中的"插入"按钮，或单击鼠标右键选择"插入"命令 3）在"插入"对话框中选择一个选项 4）单击"确定"按钮
列与行	1）在新的列（或新的行）即将出现的单元格位置选择一个单元格或选定一整列（或整行） 2）单击"开始"选项卡中"单元格"选项组中的"插入"按钮

五、清除对象

1．单元格

1）选定要删除的单元格区域。

2）单击"开始"选项卡中"单元格"选项组中的"删除"按钮。

3）在"删除"对话框中选择一个选项。

4）单击"确定"按钮。

> 注意：此操作会将单元格本身及其内容等全部删除。按<Delete>键的作用相同，即清除单元格区域内容。

2. 删除整列与整行

1）单击要删除的行号（或列号）以选定一行（或列）。

2）单击"开始"选项卡中"单元格"选项组中的"删除"按钮。

六、编辑对象的撤销与恢复

在编辑中经常出现误操作，解决误操作的简单方法是单击"撤销"按钮和"恢复"按钮进行操作。其操作同 Word 2010，在此不再赘述。

 操作步骤

1）新建一个工作簿，在 Sheet 1 中输入如图 2-14 所示的内容。

2）用移动的方法调整星期顺序，用移动、复制和粘贴、清除内容的方法将如图 2-14 所示的未完成的课表做成如图 2-15 所示的效果。

> 注意：操作过程中要及时保存，以免机器出现问题时数据丢失。

 我来试一试

1）新建一个工作簿，在 Sheet 1 中输入如图 2-16 所示的杂志列表，并在下方标注"列表 1"（见"试一试原件"文件夹下的"案例 3.xlsx"）。

2）用复制粘贴的方法将杂志列表中各种图书按照阅览的频度在给定杂志列表旁进行重排，并在下方标"列表 2"。

3）大家在平时一定会看好多杂志，把平时常看的杂志加进来至少 3 个，再制作一个杂志列表，并按阅览频度进行重排，在下方标注"列表 3"。

4）在"列表 3"中删除未看过和不喜欢看的杂志，并整理列表 3，效果如图 2-17 所示。

杂志列表			
《青年文摘》	《青年文摘》	《青年文摘》	《青年文摘》
《读者》	《中学生博览》	《小说月刊》	《小说月刊》
《女友》	《小小说》	《意林》	《意林》
《汽车之家》	《漫友》	《计算机报》	《计算机报》
《小小说》	《读者》	《中学生博览》	《中学生博览》
《东方青年》	《女友》	《小小说》	《小小说》
《中学生博览》	《东方青年》	《漫友》	《漫友》
《环球》	《环球》	《读者》	《读者》
《漫友》	《汽车之家》	《女友》	《女友》
		《求实》	
列表1	列表2	《东方青年》	列表4
		《环球》	
		《汽车之家》	
		列表3	

杂志列表
《青年文摘》
《读者》
《女友》
《汽车之家》
《小小说》
《东方青年》
《中学生博览》
《环球》
《漫友》

图 2-16　杂志列表

图 2-17　效果

我来归纳

　　练习中出现的编辑单元格中的数据，编辑对象的移动、复制，编辑对象的撤销与恢复等操作与 Word 是一样的，需要注意的是编辑对象的删除与清除要合理使用。对了，我还有一个更好的处理这个问题的方法，想知道它是什么吗？那就是"快速填充"，案例 5 中有详细的介绍噢！

案例 4　我给国王做新装—— 工作表格式化

【教学指导】

　　由任务引入，演示讲解单元格格式化、条件格式化、自动套用格式、使用样式，使学生学会并熟练掌握修饰工作表的方法。

【学习指导】

任务

　　用 Excel 做表格这么方便，豆子打算制作一个如图 2-18 所示的日历，让普通的日历看起来像国王的新衣服那样漂亮。下面我们同豆子一起来设置日历，对样式进行修饰，修改表格框线，添加底纹，调整对齐方式，设置字体。这么漂亮的日历，不管是自己用还是送给朋友都不错！

2005年5月						
星期日	星期一	星期二	星期三	星期四	星期五	星期六
1	2	3	4	5	6	7
8	9	10	11	12	13	14
15	16	17	18	19	20	21
22	23	24	25	26	27	28
29	30	31				
本月共31天						

2005年6月						
星期日	星期一	星期二	星期三	星期四	星期五	星期六
			1	2	3	4
5	6	7	8	9	10	11
12	13	14	15	16	17	18
19	20	21	22	23	24	25
26	27	28	29	30		
本月共30天						

图 2-18　日历样表

知识点

一、单元格格式化

1）单元格格式功能区与第 1 篇 Word 2010 的功能与操作相同，这里就不再重复介绍。
2）"设置单元格格式"对话框。
单击"开始"选项卡中"单元格"选项组中"格式"下拉列表中"设置单元格格式"按

钮（快捷键：<Ctrl+L>），出现如图 2-19 所示的对话框。

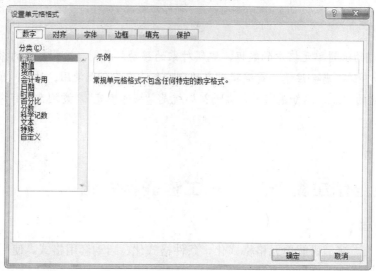

图 2-19 "设置单元格格式"对话框

该对话框中的"数字"选项卡提供了格式化数字的功能，"对齐"选项卡提供对齐数据的功能，"字体"选项卡提供格式化字体的功能，"边框"选项卡提供设置表格线的功能，"填充"选项卡提供设置底纹图案和颜色的功能，"保护"选项卡提供保护数据的功能。使用"设置单元格格式"对话框可对工作表进行格式化。

二、条件格式

设置条件格式的步骤如下：

1）选择要设置格式的单元格。

2）单击"开始"选择卡中"样式"选项组中"条件格式"下拉列表中的"新建规则"按钮，出现如图 2-20 所示的对话框。

3）要把选定单元格中的数值作为格式的条件，单击"单元格值"选项，接着选定比较词组，如图 2-21 所示。

图 2-20 "新建格式规则"对话框

图 2-21 格式条件

4）在合适的文本框中输入数值。输入的数值可以是常数，也可以是公式，公式前要加上等号"="。除了单元格中的数值外，如果还要对选定单元格中的数据或条件进行评估，则可以使用公式作为格式条件。单击左面框中的"公式为"，在右面的框中输入公式。公式最后的求值结果必须可以判断出逻辑值为真或假。

5）单击"格式"按钮，出现如图 2-22 所示的对话框。

图 2-22　"字体"选项卡

6）选择要应用的字体样式、字体颜色、边框、背景色或图案，指定是否带下画线。只有单元格中的值满足条件或是公式返回逻辑值为真时，Excel 才应用选定的格式。最后单击"确定"按钮返回到如图 2-20 所示的对话框。

三、自动套用格式

Excel 提供了自动格式化的功能，它可以根据预设的格式，将我们制作的报表格式化，产生美观的报表，也就是表格的自动套用。这种自动格式化的功能，可以节省使用者将报表格式化的许多时间，而制作出的报表却很美观。表格样式自动套用步骤如下：

1）选取要格式化的范围，单击"开始"选项卡中"样式"选项组中的"套用表格格式"按钮，出现如图 2-23 所示的"套用表格格式"列表框。

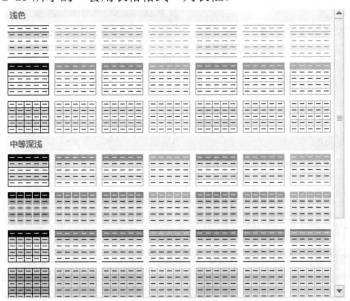

图 2-23　"套用表格格式"列表框

2）在"套用表格格式"列表框中选择要使用的格式。单击"确定"按钮。

这样，在所选定的范围内，会以选定的格式对表格进行格式化。

操作步骤

1）新建一个工作簿，在 Sheet 1 中建立如图 2-18 所示的日历样表。

2）在"页面布局"选择项卡中的"工作表选项"选项组中，取消"网格线"区域中"查看"前的对号，取消网格线。

3）日历中的月份名使用了"合并及居中"格式，字体为"华文彩云"，颜色为橙色，28号字。

4）日历的日期设置中注意星期六和星期天的日期要设置底纹为"玫瑰红色"。

我来试一试

1）新建一个工作簿，在 Sheet 1 中输入如图 2-24 所示的射手榜样表（见"试一试原件"文件夹下的"案例 4.xlsx"）。

2）选中 A1～F4 单元格，为单元格添加外部边框，并填充颜色为浅蓝色。

3）选中 B2～E3 单元格，合并及居中，填充为浅绿色，并加外边框为：上框和左框为深蓝色，下框和右框为白色。

4）录入射手榜内容。第一行设置图案为"冰蓝"，球队名文字用褐色。

5）"进球数"一列用条件格式，对进球数大于 1 的单元格将底纹设置为浅绿色，效果如图 2-25 所示。

	A	B	C	D	E	F
1						
2		2005年球队射手榜				
3						
4						
5						
6		队名	球员号码	参赛场数	进球数	
7		AC米兰	1	6	0	
8		AC米兰	2	6	1	
9		AC米兰	3	6	2	
10		AC米兰	4	6	0	
11		AC米兰	5	6	0	
12		AC米兰	6	6	2	
13		AC米兰	7	6	1	
14		AC米兰	8	6	0	
15		AC米兰	9	6	0	
16		AC米兰	10	5	0	
17		AC米兰	11	4	1	
18						

图 2-24　射手榜样表

	A	B	C	D	E	F	G
1							
2			2005年球队射手榜				
3							
4							
5							
6		队名	球员号码	参赛场数	进球数		
7		AC米兰	1	6	0		
8		AC米兰	2	6	1		
9		AC米兰	3	6	2		
10		AC米兰	4	6	0		
11		AC米兰	5	6	0		
12		AC米兰	6	6	2		
13		AC米兰	7	6	1		
14		AC米兰	8	6	0		
15		AC米兰	9	6	0		
16		AC米兰	10	5	0		
17		AC米兰	11	4	1		
18							

图 2-25　射手榜效果表

我来归纳

格式化单元格的方法类似于在 Word 中设置的方法。条件格式是 Excel 独有的，应用很广泛，比如在制作成绩单时，对不及格的要突出用红色显示等。掌握好这部分内容是非常有实用价值的。

"我"的特长（一）—— 快速填充

【教学指导】

由任务引入，演示讲解有规律的数据的编辑、自动完成、自动填充、序列填充、自定义自动填充序列，使学生学会并熟练掌握工作表中填充数据序列的方法。

【学习指导】

任务

住在学校的豆子一直都自己理财，每个星期在各方面的支出都要记账。内容包括"三餐、零食、日用品、文具、娱乐"等方面，每次重复写这几项内容，真累人啊！如果在 Excel 中自定义这样一个序列，使用这个序列进行填充，自制一个本周开支表，则方便多了。老师快来帮助我啊！

知识点

一、序列填充

1. 使用菜单命令

对于选定的单元格区域，单击"开始"选项卡中"编辑"选项组中"填充"下拉列表中的"系列"按钮，来实现数据的自动填充。其操作步骤如下：

1）首先在第一个单元格中输入一个起始值，选定一个要填充的单元格区域。单击"开始"选项卡中"编辑"选项组中"填充"下拉列表中的"系列"按钮，如图 2-26 所示。

2）单击"序列"按钮后出现如图 2-27 所示的对话框。

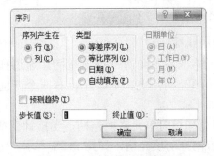

图 2-26　"填充"下拉列表　　　　　　　图 2-27　"序列"对话框

3）在图 2-27 中的"序列产生在"中选择"行"或者"列"，在"类型"中选择需要的序列类型，这样就可以完成序列的填充。

需要说明的是：要将一个或多个数字或日期的序列填充到选定的单元格区域中，在选定区域的每一行或每一列中，第一个或多个单元格的内容被用作序列的起始值。使用自动填充命令产生数据序列的规定见表2-8。

产生不同序列的参数说明见表2-9。

表2-8　自动填充命令产生数据序列的规定

类　型	说　明
等差级数	把"步长值"框内的数值依次加入到每个单元格数值上来计算一个序列。如果选中"趋势预测"复选框，则忽略"步长值"框中的数值，而会计算一个等差级数趋势序列
等比级数	把"步长值"框内的数值依次乘到每个单元格数值上来计算一个序列。如果选中"趋势预测"复选框，则忽略"步长值"框中的数值，而会计算一个等比级数趋势序列
日期	根据"日期单位"选定的选项计算一个日期序列

表2-9　产生不同序列的参数说明

参　数	说　明
日期单位	确定日期序列是否会以日、工作日、月或年来递增
步长值	一个序列递增或递减的量。正数使序列递增；负数使序列递减
终止值	序列终止值。如果选定区域在序列达到终止值之前已填满，则该序列就终止在那点上
趋势预测	使用选定区域顶端或左侧已有的数值来计算步长值，以便根据这些数值产生一条最佳拟合直线（对等差级数序列），或一条最佳拟合数曲线（对等比级数序列）

在表2-10中，给出了对选定的一个或多个单元格执行"自动填充"操作的实例。

表2-10　"自动填充"操作的实例

选定区域的数据	建立的序列
1，2	3，4，5，6，……
1，3	5，7，9，11，……
星期一	星期二，星期三，星期四
第一季	第二季，第三季，第四季，第一季
text1，textA	text2，textA，text3，textA，……

另外，Excel中文版根据中国的传统习惯，预先设有：

① 星期一，星期二，星期三，星期四，星期五，星期六。

② 一月，二月，……，十二月。

③ 第一季，第二季，第三季，第四季。

④ 子，丑，寅，卯，……。

⑤ 甲，乙，丙，丁，……。

2．使用鼠标拖动

在单元格的右下角有一个填充柄，通过拖动填充柄来填充一个数据。可以将填充柄向上、下、左、右四个方向拖动，以填入数据。其操作步骤如下：

1）将光标指向单元格填充柄，当指针变成"十"字光标后，沿着要填充的方向拖动填充柄，如图2-28所示。

图2-28　填充柄样式

2）松开鼠标左键时，数据便填入区域中。

二、自定义序列

对于需要经常使用的特殊数据系列，例如产品的清单或中文序列号，可以将其定义为一个序列，这样，当使用"自动填充"功能时，就可以将数据自动输入到工作表中。

有两种建立自定义序列的方法，分别是选定已经输入到工作表的序列，或者直接在对话框里的"自定义序列"中输入。

1．从工作表导入

从工作表导入已经输入到工作表的序列，按照下列步骤执行：

1）选定工作表中已经输入的序列，如图 2-29 所示。

图 2-29　样表

2）选择"文件"→"选项"命令，在列表中选择"高级"命令，单击"常规"选项组中的"编辑自定义列表"按钮，出现"选项"对话框，如图 2-30 所示。从图 2-30 中的"从单元格中导入序列"中看到地址为"B4：B6"。单击"导入"按钮，就可以看到定义的序列已经出现在对话框中了。

图 2-30　"选项"对话框

2．直接在"自定义序列"中建立序列

要直接在"自定义序列"中建立序列，步骤如下：

1）选择"文件"选项卡中的"选项"命令，在列表中选择"高级"命令，单击"常规"选项组中的"编辑自定义列表"按钮，出现"选项"对话框。

2）在"输入序列"文本框中输入"三餐"，按下<Enter>键，然后输入"零食"，再次按下<Enter>键，重复该过程，直到输入完所有的数据。

3）单击"添加"按钮，就可以看到定义的序列格式已经出现在对话框中了。

对于自定义的序列，在定义过程中必须遵循下列规则：

1）使用数字以外的任何字符作为序列的首字母。

2）建立序列时，错误值和公式都被忽略。

3）单个序列项最多可以包含 80 个字符。

4）每一个自定义序列最多可以包含 2000 个字符。

3. 编辑或删除自定义序列

也可以对已经存在的序列进行编辑或者将不再使用的序列删除掉。要编辑或删除自定义的序列，按照下列步骤执行。

在"自定义序列"选项卡中选定要编辑的自定义序列，就会看到它们出现在"输入序列"框中。选择要编辑的项，进行编辑。若要删除序列中的某一项，按<Backspace>键，若要删除一个完整的自定义序列，则单击"删除"按钮后再单击"确定"按钮即可，如图 2-31 所示。

> 注意：对系统内部的序列不能够编辑或者删除。

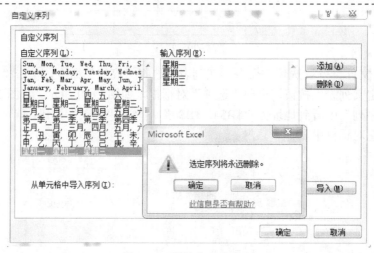

图 2-31　删除自定义序列

操作步骤

1）选择"文件"选项卡中的"选项"命令，在列表中选择"高级"命令，单击"常规"选项组中的"编辑自定义列表"按钮，出现"选项"对话框，制作序列"三餐、零食、日用品、文具、娱乐"，添加到自定义序列列表中。

2）在工作表中使用填充柄填充该序列，并记好本周各方面的开销。

我来试一试

1）新建一个工作簿，在 Sheet 1 中单击"开始"选项卡中"编辑"选项组中"填充"下拉列表中的"系列"按钮，制作一个等差序列"1，3，5，……"起始值为 1，步长为 2 的 8 个数。制作等比序列，起始值为 1，步长为 1.5 的 9 个数，效果如图 2-32 所示。

2）用这部分知识制作课程表，自定义序列"第一节课，第二节

等差序列	等比序列
1	1
3	1.5
5	2.25
7	3.375
9	5.0625
11	7.59375
13	11.39063
15	17.08594
	25.62891

图 2-32　效果图 1

课，第三节课……第八节课"，效果如图 2-33 所示。

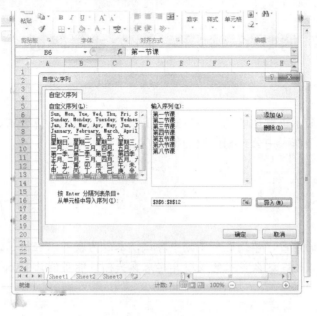

图 2-33　效果图 2

3）自定义一个二十四节气的序列。（立春，雨水，惊蛰，春分，清明，谷雨，立夏，小满，芒种，夏至，小暑，大暑，立秋，处暑，白露，秋分，寒露，霜降，立冬，小雪，大雪，冬至，小寒，大寒），效果如图 2-34 所示。

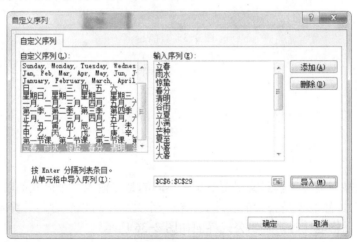

图 2-34　效果图 3

我来归纳

序列的自动填充中要注意给出 2 个以上起始值，否则很容易填充上相同的内容。如果只选中了一个起始值，按住<Ctrl>键+鼠标拖曳，那么会有什么效果呢？注意观察在填充时填充柄的形状与编辑状态下鼠标形状的区别。

案例 6 "我"的特长（二）—— 公式与函数

【教学指导】

由任务引入，演示讲解地址的引用方式、工作表中使用的计算公式、函数的使用，使学生学会并熟练掌握工作表中公式和函数的使用方法。

【学习指导】

任务

经过前段时间的学习，学校进行了期中考试，本以为我可以轻松了，可没想到考试结束后老师找我帮忙算成绩，这么多人的成绩算起来真头痛！能不能让 Excel 帮我完成如图 2-35 所示的计算呢？

	A	B	C	D	E	F	G	H
1	学号	姓名	语文	数学	英语	计算机	总分	平均分
2	030101	李菲菲	78	89	97	94		
3	030102	包霏	67	95	80	73		
4	030103	李明曦	78	98	85	71		
5	030104	刘慧影	87	98	88	81		
6	030105	王鹤	34	100	89	62		
7	030106	修莹玉	87	69	91	68		
8	030107	丁宇	98	78	86	79		
9	030108	张海燕	78	83	93	73		
10								
11		各科最高分：						
12		全班平均分：						

图 2-35　样表

知识点

一、公式的使用

1. 输入公式

输入公式的操作类似于输入文字型数据。不同的是在输入一个公式的时候总是以一个等号"="作为开头，然后才是公式的表达式。在一个公式中可以包含各种算术运算符、常量、变量、函数、单元格地址等。编辑公式界面如图 2-36 所示。

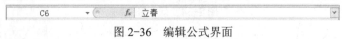

图 2-36　编辑公式界面

2. 公式中的运算符号

（1）数学运算符号

公式可以使用数学运算符号来完成。比如加法、减法等。通过对这些运算的组合，就可以完成各种复杂的运算。在 Excel 中可以使用的数学运算符号见表 2-11。

在执行算术操作时，基本上都是要求两个或者两个以上的数值、变量，例如"=10^2*15"。

但对于百分数来说只要一个数值也可以运算，例如"=5%"，百分数运算符号会自动地将 5 除以 100，得出 0.05。

表 2-11 数学运算符号

操 作 符	举 例	结 果	操 作 类 型
+	90+100	190	加法
−	5−6	−1	减法
*	2*3	6	乘法
/	3/2	1.5	除法
%	9%	0.09	百分数
^	4^2	16	乘方

（2）文字运算符号

在 Excel 中不仅可以进行算术运算，还提供了可以操作文字的运算。使用这些操作，可以将文字连接起来，例如可以使用"＆"符号将一个字符串和某一个单元格的内容连接起来。文字运算符号见表 2-12。

表 2-12 文字运算符号

操 作 符 号	举 例	结 果	操 作 类 型
&	"本月" ＆ "销售"	本月销售	文字连接
	A5＆"销售"	本月销售（假定 A5 单元格中的内容是"本月"）	将单元格同文字连接起来

（3）比较运算符号

这些运算符号会根据公式判断条件，返回逻辑结果 TRUE（真）和 FALSE（假）。比较运算符号见表 2-13。

表 2-13 比较运算符号

操 作 符 号	说 明
=	等于
<	小于
>	大于
<=	小于等于
>=	大于等于
<>	不等于

（4）运算符号的优先级

在 Excel 环境中，不同的运算符号具有不同的优先级，见表 2-14。如果要改变这些运算符号的优先级则可以使用括号，以此来改变表达式中的运算次序。在 Excel 中规定所有的运算符号都遵从"由左到右"的次序来运算。

表 2-14 运算符号优先级

运 算 符 号	说 明
−	负号
%	百分号
^	指数
*, /	乘、除法
+, −	加、减法
&	连接文字
=、<、>、<=、>=、<>	比较符号

> 注意：在公式中输入负数时，只需在数字前面添加"–"即可，而不能使用括号。例如，"=5*–10"的结果是"–50"。

二、地址的引用

1. 单元格地址的输入

在公式中输入单元格地址最准确的方法是使用单元格指针。虽然可以输入一个完整的公式，但在输入过程中很可能有输入错误或者读错屏幕单元地址，例如，可能将"B23"输入为"B22"。因此，在将单元格指针指向正确的单元格时，实际上已经把活动的单元格地址移到公式中的相应位置了，从而也就避免了错误的发生。在使用单元格指针输入单元格地址的时候，最得力的助手就是使用鼠标。

使用鼠标输入的过程如下：

1）选择要输入公式的单元格，在编辑栏的输入框中输入一个等号"="。

2）用鼠标指向单元格地址，然后单击选中单元格地址。

3）输入运算符号，如果输入完毕，则按<Enter>键或者单击编辑栏上的"确认"按钮。如果没有输入完毕，则继续输入公式。

2. 相对地址引用

在输入公式的过程中，除非特别指明，Excel 一般是使用相对地址来引用单元格的位置。所谓相对地址是指：当把一个含有单元格地址的公式复制到一个新的位置或者用一个公式填入一个范围时，公式中的单元格地址会随着改变。使用相对引用就好像告诉一个问路的人：从现在的位置，向前再走 3 个路口就到了。

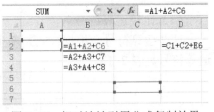

图 2-37　相对地址引用公式复制效果

例如，将公式"=A1+A2+C6"分别复制到单元格"C2""D2""B3"和"B4"中。图 2-37 显示了复制后的公式，从中看到相对引用的变化。

3. 绝对地址引用

在一般情况下，复制单元格地址时，是使用相对地址方式，但在某些情况下，不希望单元格地址变动。在这种情况下，就必须使用绝对地址引用。

所谓绝对地址引用是指：要把公式复制或者填入到新位置，并且使公式中的固定单元格地址保持不变。在 Excel 中，是通过对单元格地址的"冻结"来达到此目的，引用方法是在列号和行号前面添加美元符号"$"。

例如，公式"=A1*A3"中的"A1"是不能改变的。就必须使其变成绝对地址引用，即公式改变为"=A1*A3"，当将公式复制时就不会被当作相对地址引用了，从图 2-38 所示的"C2"单元格可以看到发生的变化。

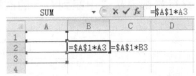

图 2-38　绝对地址引用公式复制效果

4. 混合地址引用

在某些情况下，需要在复制公式时只有行保持或者只有列保持不变。在这种情况下，就要使用混合地址引用。所谓混合地址引用是指：在一个单元格地址引用中，既有绝对地址引

用，也有相对单元格地址引用。例如，单元格地址"$A5"就表明保持"列"不发生变化，

"行"会随着新的复制位置发生变化；同理，单元格地址"A$5"表明保持"行"不发生变化，但"列"会随着新的复制位置发生变化。图 2-39 所示的是混合地址引用的范例。

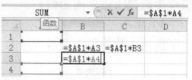

图 2-39 混合地址引用公式复制效果

5．三维地址引用

前面介绍过，Excel 中文版的所有工作是以工作簿展开的。比如，要对一年的 12 个月销售情况进行汇总，而这些数据是分布在 12 张工作表中的，要完成这些销售数据的汇总，就必须能够读取（引用）在每张表格中的数据，这也就引出了"三维地址引用"这一新概念。

所谓三维地址引用是指：在一个工作簿中从不同的工作表引用单元格。三维引用的一般格式为"工作表名!：单元格地址"，工作表名后的"!："是系统自动加上的。例如，在第 2 张工作表的"B2"单元格输入公式"=Sheet 1!：A1+A2"，则表示要引用工作表 Sheet 1 中的单元格"B1"和工作表 Sheet 2 中的单元格"B2"相加，结果放到工作表 Sheet 2 中的"B2"单元格中。

三、函数的使用

1．手工输入函数

手工输入函数的方法同在单元格中输入一个公式的方法一样。需先在输入框中输入一个等号"="，然后，输入函数本身即可。

2．使用插入函数输入

使用插入函数是经常用到的输入方法。使用该方法，可以指导用户一步一步地输入一个复杂的函数，避免在输入过程中产生输入错误。其操作步骤如下。

1）选定要输入函数的单元格。例如，选定单元格"C3"。单击"开始"选项卡中"编辑"选项组中的"Σ ▾"按钮，或者单击公式编辑栏上的"𝑓ₓ"按钮会出现一个"插入函数"对话框，如图 2-40 所示。

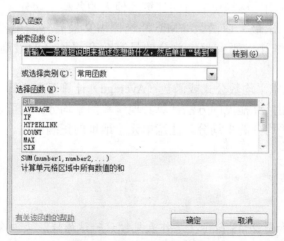

图 2-40 "插入函数"对话框

2）从函数分类列表框中选择要输入的函数分类，选定函数分类后，再从"函数名"列表框中选择所需要的函数。

3）单击"确定"按钮，屏幕上出现"函数参数"对话框，如图 2-41 所示。对话框中给出了所选函数的每一个参数项的说明。

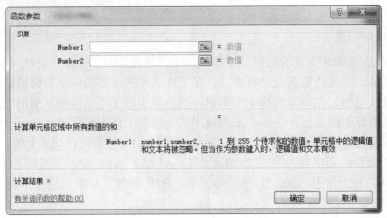

图 2-41 "函数参数"对话框

4）在"Number1"文本框中输入函数的第一个参数。若还需要输入第二个、第三个参数等可依次在"Number2""Number3"文本框中输入。在输入参数的过程中，每个参数输入后，函数的计算结果会出现在对话框下方的计算结果中。

5）单击"确定"按钮，完成函数的录入。

 操作步骤

1）新建一个工作簿，在工作表 1 中录入如图 2-35 所示的内容。

2）在 G2 中输入求和公式或函数（Sum）计算各科总分，用相同的方法计算其他同学各科总分或用鼠标拖曳的方法计算其他人的各科总分。

3）在 H2 中输入求平均数公式或函数（Average）计算各科平均分，用相同的方法计算其他同学各科平均分或用鼠标拖曳的方法计算其他人的各科平均分。

4）在 C11 中输入求最大值函数（Max）统计语文最高分，用相同的方法统计其他学科的最高分。也可以统计出所有学生总分的最高分和平均分的最高分。注意单元地址的正确引用。

5）在 C12 中输入求平均数公式或函数（Average）计算语文平均分，用相同的方法计算其他学科的平均分或用鼠标拖曳的方法计算其他学科的平均分。也可以计算出所有学生总分的平均分和所有学生平均分的平均分。注意单元格地址的正确引用。

 我来试一试

1）对如图 2-42 和图 2-43 所示（工作表见"试一试原件"文件夹下的"案例 6.xlsx"）的学生成绩进行处理，效果如图 2-44 和图 2-45 所示。

	A	B	C	D	E	F	G	H
1	学号	姓名	语文	数学	英语	计算机	总分	平均分
2	030201	王红丹	98	93	73	99		
3	030202	白娇	95	95	82	98		
4	030203	刘征宇	86	99	79	95		
5	030204	李客	67	87	81	89		
6	030205	郑娜	70	64	92	90		
7	030206	李雷	83	90	89	97		
8	030207	李学民	64	72	57	92		
9	030208	刘冰	79	69	58	87		
10								
11		各科最高分:						
12		全班平均分:						

图 2-42　样表 1

	A	B	C	D	E	F	G	H
1	学号	姓名	语文	数学	英语	计算机	总分	平均分
2	030301	李丹	92	89	84	97		
3	030302	张艳红	95	90	89	92		
4	030303	孟磊	69	93	85	89		
5	030304	刘丽丽	89	69	92	87		
6	030305	何雪	95	97	93	95		
7	030306	孙帅	73	63	61	97		
8	030307	张柏新	64	45	57	99		
9	030308	王博	63	53	42	98		
10								
11		各科最高分:						
12		全班平均分:						

图 2-43　样表 2

	A	B	C	D	E	F	G	H
1	学号	姓名	语文	数学	英语	计算机	总分	平均分
2	030201	王红丹	98	93	73	99	363	90.75
3	030202	白娇	95	95	82	98	370	92.5
4	030203	刘征宇	86	99	79	95	359	89.75
5	030204	李客	67	87	81	89	324	81
6	030205	郑娜	70	64	92	90	316	79
7	030206	李雷	83	90	89	97	359	89.75
8	030207	李学民	64	72	57	92	285	71.25
9	030208	刘冰	79	69	58	87	293	73.25
10								
11		各科最高分:	98	99	92	99		
12		全班平均分:	83.406					

图 2-44　效果图 1

	A	B	C	D	E	F	G	H
1	学号	姓名	语文	数学	英语	计算机	总分	平均分
2	030301	李丹	92	89	84	97	362	90.5
3	030302	张艳红	95	90	89	92	366	91.5
4	030303	孟磊	69	93	85	89	336	84
5	030304	刘丽丽	89	69	92	87	337	84.25
6	030305	何雪	95	97	93	95	380	95
7	030306	孙帅	73	63	61	97	294	73.5
8	030307	张柏新	64	45	57	99	265	66.25
9	030308	王博	63	53	42	98	256	64
10								
11		各科最高分:	95	97	93	99		
12		全班平均分:	81.125					

图 2-45　效果图 2

2）完成如图 2-46 所示的计算（有效个数的计算可用 COUNTIF 函数），效果如图 2-47 所示。

	A	B	C	D	E
1	数据录入	988	1420	784	=B1+C1-D1
2	最小值				
3	最大值				
4	平均数				
5	有效个数	>=500			
6		<=1000			

图 2-46　样表 3

	A	B	C	D	E
1	数据录入	988	1420	784	1624
2	最小值	784			
3	最大值	1624			
4	平均数	1204			
5	有效个数	>=500	4		
6		<=1000	2		

图 2-47　效果图 3

3）试计算如图 2-48 所示的三角函数值，效果如图 2-49 所示。

	A	B	C	D	E	F	G	H
1	正弦三角函数Sin(X)值列表							
2								
3	度\分	0	10	20	30	40	50	60	分
4	0							
5	15							
6	30							
7	45							
8	60							
9	75							
10	90							
11	度							

图 2-48　样表 4

	A	B	C	D	E	F	G	H	I
1	正弦三角函数Sin(X)值列表								
2									
3	度\分	0	10	20	30	40	50	60	分
4	0	0	0.002909	0.005818	0.008727	0.011635	0.014544	0.017452	
5	15	0.258819	0.261627	0.264434	0.267238	0.27004	0.27284	0.275637	
6	30	0.5	0.502517	0.505029	0.507538	0.510042	0.512542	0.515038	圆周率:
7	45	0.707106	0.70916	0.711208	0.71325	0.715286	0.717316	0.719339	3.14159
8	60	0.866025	0.867476	0.868919	0.870355	0.871784	0.873205	0.874619	
9	75	0.965926	0.966674	0.967415	0.968147	0.968872	0.969588	0.970295	
10	90	1	0.999996	0.999983	0.999962	0.999932	0.999894	0.999848	
11	度								

图 2-49　效果图 4

我来归纳

在公式和函数的输入过程中都要注意在编辑时先输入"="，再输入公式或函数内容。而且可以使用鼠标拖曳的方法进行函数复制；输入公式时多用鼠标选定单元格进行编辑，避免在输入过程出错。

案例 7 我帮老师来评比——排序、筛选和汇总

【教学指导】

由任务引入，演示讲解数据排序、数据筛选、汇总数据。使学生学会并熟练掌握工作表中排序、筛选和汇总的使用方法。

【学习指导】

任务

豆子在处理学生成绩这方面有了一定的水平，刚刚帮老师算完成绩，又找我来排序，还要找出不及格人数。这些问题单用公式和函数解决并不理想，Excel 中有没有更好的解决方法呢？老师再来帮帮我！

1）完成如图 2-50 所示的各班同学平均分的汇总。

学号	姓名	性别	语文	数学	英语	计算机	总分	平均分
				各班学生成绩单				
030202	白娇	女	95	95	82	98	370	92.5
030102	包霜	男	67	95	80	73	315	78.75
030107	丁宇	男	98	78	86	79	341	85.25
030305	何雪	女	95	97	93	95	380	95
030301	李丹	女	92	89	84	97	362	90.5
030101	李菲菲	女	78	89	97	94	358	89.5
030204	李客	男	67	87	81	89	324	81
030206	李雷	男	83	90	89	97	359	89.75
030103	李明曦	女	78	98	85	71	332	83
030207	李学民	男	64	72	57	92	285	71.25

图 2-50 样表

2）筛选出图 2-50 中所有 0301 班的同学。

知识点

一、排序

通过排序，可以根据特定要求来重排数据清单中的行。当选择"排序"命令后，Excel

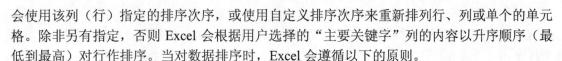

会使用该列（行）指定的排序次序，或使用自定义排序次序来重新排列行、列或单个的单元格。除非另有指定，否则 Excel 会根据用户选择的"主要关键字"列的内容以升序顺序（最低到最高）对行作排序。当对数据排序时，Excel 会遵循以下的原则。

1）如果由某一列来作排序，则在该列上有完全相同项的行将保持它们的原始次序。

2）在排序列中有空白单元格的行会被放置在排序的数据清单的最后。

3）隐藏行不会被移动，除非它们是分级显示的一部分。

4）排序选项选定的列、顺序（递增或递减）和方向（从上到下或从左到右）等，在最后一次排序后便会被保存下来，直到修改它们或修改选定区域或列标记为止。

5）如果按一列以上作排序，则主要列中有完全相同项的行会根据指定的第二列作排序。第二列中有完全相同项的行会根据指定的第三列作排序。

1．按列排序

按照某一选定列排序的操作步骤如下。

1）单击"数据"选项卡中"排序和筛选"选项组中的"排序"按钮，出现如图 2-51 所示的对话框。

图 2-51 "排序"对话框

2）在"主要关键字"列表框中，选定重排数据清单的主要列，单击"递增"或"递减"选项按钮以指定该列值的排序次序。若要由一列以上来排序，则单击"添加条件"按钮增加"次要关键字"和"第三关键字"，用作排序的附加列。对于每一列再单击"递增"或"递减"选项按钮。如果在数据清单中的第一行包含列标记，则在"数据包含标题"复选框中有☑，表示"有标题行"，以使该行排除在排序之外，反之表示"没有标题行"使该行也被排序。

3）单击"确定"按钮就可以看到排序后的结果。

> 注意：不管是用列或用行排序，当数据库内的单元格引用到其他单元格内作数据时，有可能因排序的关系，使公式的引用地址错误，从而使数据库内的数据不正确。

2．多列排序

虽然在 Excel 数据清单中可以包含最多 25 列，但实际上"排序"命令一次只能按 3 列来排序。若要按 4 列或更多列将数据清单排序，则可以通过重复执行排序命令来达到这一效果。

首先，按三个最不重要的列来排序，然后按三个最重要的列来排序。例如，要按列 A、B、C、D 和 E 的顺序来排序数据清单，则首先按列 C、D 和 E 来排序，然后再按列 A 和 B 来排序。

3. 使用工具排序

在对数据排序时，除了能够使用“排序”命令外，还可以单击工具栏上的两个排序按钮“AZ↓”和“ZA↓”。其中前者代表递增排序，后者代表递减排序。

使用工具排序的步骤如下。

1）选取要排序的范围。

2）单击“递增”或“递减”按钮，即可完成排序工作。

二、筛选

筛选数据清单可以快速寻找和使用数据清单中的数据子集。筛选功能可以使 Excel 只显示出符合设定筛选条件的某一值或符合一组条件的行，而隐藏其他行。在 Excel 中提供了“自动筛选”和“高级筛选”命令来筛选数据。一般情况下，“自动筛选”就能够满足大部分的需要。不过，当需要使用复杂的条件来筛选数据清单时，就必须使用“高级筛选”。

1. 自动筛选

要执行自动筛选操作，在数据清单中必须有列标记。其操作步骤如下。

1）在要筛选的数据清单中选定单元格。

2）单击“数据”选择卡中“排序和筛选”选项组中的“筛选”按钮。

3）在数据清单中每一个列标记的旁边插入下拉箭头，如图 2-52 所示。

	A	B	C	D	E	F	G	H	I
1	各班学生成绩单								
2	学号	姓名	性别	语文	数学	英语	计算机	总分	平均分
3	030202	白娇	女	95	95	82	98	370	92.5
4	030102	包霏	男	67	95	80	73	315	78.75
5	030107	丁宇	男	98	78	86	79	341	85.25
6	030305	何雪	女	95	97	93	95	380	95
7	030301	李丹	女	92	89	84	97	362	90.5
8	030101	李菲菲	女	78	89	97	94	358	89.5
9	030204	李客	男	67	87	81	89	324	81
10	030206	李雷	男	83	90	89	97	359	89.75
11	030103	李明曦	女	78	98	85	71	332	83
12	030207	李学民	男	64	72	57	92	285	71.25

图 2-52　插入下拉箭头后效果

4）单击包含想显示的数据列中的箭头，可以看到一个下拉列表，选定要显示的项，在工作表中就可以看到筛选后的结果，例如，单击“性别”列旁的下拉按钮，取消“女”选项后，将显示所有男同学的成绩，结果如图 2-53 所示。

	A	B	C	D	E	F	G	H	I
1	各班学生成绩单								
2	学号	姓名	性别	语文	数学	英语	计算机	总分	平均分
4	030102	包霏	男	67	95	80	73	315	78.75
5	030107	丁宇	男	98	78	86	79	341	85.25
9	030204	李客	男	67	87	81	89	324	81
10	030206	李雷	男	83	90	89	97	359	89.75
12	030207	李学民	男	64	72	57	92	285	71.25

图 2-53　男同学的成绩

2．使用高级筛选

使用自动筛选命令寻找合乎准则的记录，既方便又快速，但该命令的寻找条件不能太复杂。如果要执行较复杂的寻找，则必须使用高级筛选命令。执行高级筛选的操作步骤如下。

1）在数据清单的下面建立条件区域，如图 2-54 所示。在上例中设定的条件是"计算机<85"的同学。

2）在数据清单中选定单元格。单击"数据"选项卡中"排序和筛选"选项组中的"高级"按钮。在"方式"单选框中选中"在原有区域显示筛选结果"单选按钮。在"列表区域"框中，指定数据区域。在"条件区域"框中，指定条件区域，包括条件标记，结果如图 2-55 所示。若要从结果中排除相同的行，可以选中"选择不重复的记录"复选框，单击"确定"按钮即可，之后就会看到如图 2-56 所示的结果。

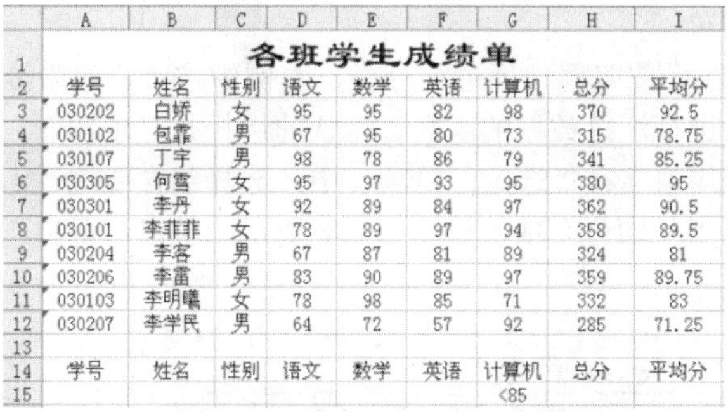

图 2-54　"计算机<85"的同学　　　　　　图 2-55　"高级筛选"对话框

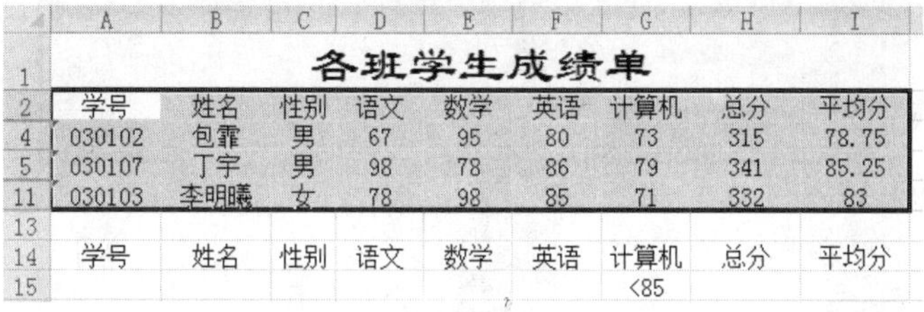

图 2-56　高级筛选后的效果

三、数据汇总

对数据清单上的数据进行分析的一种方法是分类汇总。在"数据"选择卡中，单击"分级显示"选项组中的"分类汇总"按钮，可以在"分类汇总"对话框中设置，按照选择的方式对数据进行汇总。同时，在插入分类汇总时，Excel 还会自动在数据清单底部插入一个总计行。

> 注意：在进行自动分类汇总之前，必须对数据清单进行排序。数据清单的第一行里必须有列标记。

对如图 2-50 所示的各班平均分进行分类汇总的操作步骤如下。

1）对数据清单中要进行分类汇总的列进行排序，本例首先要增加"班级"字段，然后按"班级"排序，如图 2-57 所示。

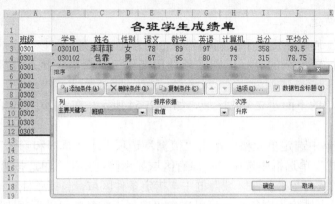

图 2-57 "排序"对话框

2) 在要进行分类汇总的数据清单里，选取一个单元格。在"数据"选择卡中，单击"分级显示"选项组中的"分类汇总"按钮。

3) 在"分类字段"文本框中，选择按照哪一列进行分类，本例中按"班级"分类。在"汇总方式"列表框中，选择想用来进行汇总数据的函数，默认的选择是"求和"，本例中要汇总各班平均分情况，因此选择平均值。在"选定汇总项"中，选择包含要进行汇总的那一列或者接受默认选项，本例中选择"平均分"项，如图 2-58 所示。单击"确定"按钮完成设置，如图 2-59 所示。

图 2-58 "分类汇总"对话框

班级	学号	姓名	性别	语文	数学	英语	计算机	总分	平均分
					各班学生成绩单				
0301	030101	李菲菲	女	78	89	97	94	358	89.5
0301	030102	包霜	男	67	95	80	73	315	78.75
0301	030103	李明曦	女	78	98	85	71	332	83
0301	030107	丁宇	男	98	78	86	79	341	85.25
0301 汇总									336.5
0302	030202	白娇	女	95	95	82	98	370	92.5
0302	030204	李客	男	67	87	81	89	324	81
0302	030206	李雷	男	83	90	89	97	359	89.75
0302	030207	李学民	男	64	72	57	92	285	71.25
0302 汇总									334.5
0303	030301	李丹	女	92	89	84	97	362	90.5
0303	030305	何雪	女	95	95	95	95	380	95
0303 汇总									185.5
总计									856.5

图 2-59 分类汇总后的效果

操作步骤

1）完成如图 2-50 所示的各班同学平均分的汇总。

① 在成绩单中增加一列"班级"字段，按"班级"进行排序。

② 在成绩单里，选取一个单元格。在"数据"选择卡中，单击"分级显示"选项卡中的"分类汇总"按钮，选择"分类字段"为"班级"，"汇总方式"为"求和"，"选定汇总选项"为"平均分"，然后单击"确定"按钮即可。

2）增加一列"班级"字段，选定成绩单，单击"数据"选项卡中"排序和筛选"选项组中的"筛选"按钮，筛选出所有 0301 班同学。

我来试一试

1）应用案例 6 中的图 2-42 和图 2-43（见"试一试原件"文件夹下的"案例 6.xlsx"）对学生成绩按平均分进行排序，效果如图 2-60 和图 2-61 所示。

	A	B	C	D	E	F	G	H
1	学号	姓名	语文	数学	英语	计算机	总分	平均分
2	030202	白娇	95	95	82	98	370	92.5
3	030201	王红丹	98	93	73	99	363	90.75
4	030203	刘征宇	86	99	79	95	359	89.75
5	030206	李雷	83	90	89	97	359	89.75
6	030204	李客	67	87	81	89	324	81
7	030205	郑娜	70	64	92	90	316	79
8	030208	刘冰	79	69	58	87	293	73.25
9	030207	李学民	64	72	57	92	285	71.25

图 2-60　效果图 1

	A	B	C	D	E	F	G	H
1	学号	姓名	语文	数学	英语	计算机	总分	平均分
2	030305	何雪	95	97	93	95	380	95
3	030302	张艳红	95	90	89	92	366	91.5
4	030301	李丹	92	89	84	97	362	90.5
5	030304	刘丽丽	89	69	92	87	337	84.25
6	030303	孟磊	69	93	85	89	336	84
7	030306	孙帅	73	63	61	97	294	73.5
8	030307	张柏新	64	45	57	99	265	66.25
9	030308	王博	63	53	42	98	256	64

图 2-61　效果图 2

2）筛选出图 2-42 中平均分在 85 分以上的同学，效果如图 2-62 所示。

	A	B	C	D	E	F	G	H
1	学号	姓名	语文	数学	英语	计算机	总分	平均分
2	030202	白娇	95	95	82	98	370	92.5
3	030201	王红丹	98	93	73	99	363	90.75
4	030203	刘征宇	86	99	79	95	359	89.75
5	030206	李雷	83	90	89	97	359	89.75

图 2-62　效果图 3

3）应用案例 2 中图 2-11 和图 2-13（见"试一试原件"文件夹下的"案例 2.xlsx"）对学生来源进行汇总，统计各地区的学生数。效果如图 2-63 和图 2-64 所示。

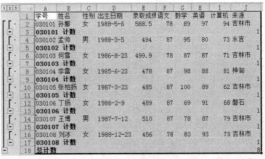

图 2-63　效果图 4　　　　　　　　　　图 2-64　效果图 5

121

我来归纳

在分类汇总中要注意，必须先按分类汇总项进行排序，然后才能进行汇总。

案例 8 我来制作数据透视表—— 合并计算和透视表

【教学指导】

由任务引入，演示讲解合并计算、建立数据透视表。使学生学会并熟练掌握工作表中排序、筛选和汇总的使用方法。

【学习指导】

任务

豆子业余时间在电脑公司打工，老板经常让豆子核算各种数据。最近学校里正在统计学生的来源情况，老师找到了电脑高手豆子，这么多的工作豆子怎么忙得过来呢？让我们来帮帮他吧！

1）对如图 2-65 和图 2-66 所示的 2003 年和 2004 年销售情况进行合并操作，其结果保存在新建的工作表中。

硬件部2003年销售额					
类别	第一季	第二季	第三季	第四季	总计
便携机	515500	82500	340000	479500	1417500
工控机	68000	100000	68000	140000	376000
网络服务器	75000	144000	85500	37500	342000
微机	151500	126600	144900	91500	514500
合计	810000	453100	638400	748500	2650000

图 2-65　2003 年销售情况样表

硬件部2004年销售额					
类别	第一季	第二季	第三季	第四季	总计
便携机	417800	98500	120000	298600	934900
工控机	95000	123000	76000	111000	405000
网络服务器	96000	251000	93200	52100	492300
微机	169200	114500	176900	87600	548200
合计	778000	587000	466100	549300	2380400

图 2-66　2004 年销售情况样表

2）用数据透视表完成对学生来源情况的统计，见表 2-15。

表 2-15　学生来源情况

学　号	班　级	姓　名	性　别	出 生 日 期	录取成绩	来　源
030101	0301	李菲菲	女	1988-5-6	567.5	吉林市
030102	0301	包霏	男	1987-3-5	487	永吉
030103	0301	李明曦	女	1986-8-23	502.5	吉林市
030104	0301	刘慧影	女	1985-6-23	489	桦甸
030105	0301	王鹤	女	1987-3-23	476	吉林市
030106	0301	修莹玉	女	1986-2-9	423	永吉
030107	0301	丁宇	男	1987-7-12	512	吉林市
030108	0301	张海燕	女	1988-12-23	456	吉林市
030201	0302	王红丹	女	1987-5-4	524	永吉
030202	0302	白娇	女	1988-3-21	493	吉林市
030203	0302	刘征宇	男	1987-7-19	378	桦甸
030204	0302	李客	男	1987-5-13	402	磐石
030205	0302	郑娜	女	1988-2-24	467	永吉
030206	0302	李雷	男	1987-12-10	422	吉林市
030207	0302	李学民	男	1986-10-9	389	桦甸
030208	0302	刘冰	男	1987-1-14	412	延吉
030301	0303	李丹	女	1987-7-17	498	吉林市
030302	0303	张艳红	女	1987-5-30	507	磐石
030303	0303	孟磊	男	1986-9-27	465	桦甸
030304	0303	刘丽丽	女	1987-8-15	438	吉林市
030305	0303	何雪	女	1987-9-12	517	蛟河
030306	0303	孙帅	男	1988-10-29	305	蛟河
030307	0303	张柏新	男	1987-12-17	281	吉林市
030308	0303	王博	男	1988-2-23	267	吉林市

知识点

一、合并计算

所谓合并计算是指，可以通过合并计算的方法来汇总一个或多个源区中的数据。Excel 提供了两种合并计算数据的方法。一是通过位置，即当源区域有相同位置的数据汇总时。二是通过分类，当源区域没有相同的布局时，则采用分类方式进行汇总。

要想合并计算数据，首先必须为汇总信息定义一个目的区，用来显示摘录的信息。此目标区域可位于与源数据相同的工作表上，或在另一个工作表上或工作簿内。其次，需要选择要合并计算的数据源。此数据源可以来自单个工作表、多个工作表或多重工作簿中。在 Excel 2010 中，可以最多指定 255 个源区域来进行合并计算。在合并计算时，不需要打开包含源区域的工作簿。

1．通过位置来合并计算数据

通过位置来合并计算数据是指：在所有源区域中的数据被相同地排列，也就是说想从每一个源区域中合并计算的数值必须在被选定源区域的相同的相对位置上。这种方式非常适用于处理相同表格的合并，例如，总公司将各分公司的合并形成一个整个公司的报表。再如，税务部门可以将不同地区的税务报表合并形成一个市的总税务报表等。

下面以任务 1 来说明这一操作过程，建立如图 2-65 和图 2-66 所示的工作表文件。执行步骤如下。

1）为合并计算的数据选定目的区，如图 2-67 所示。

2）单击"数据"选项卡中的"数据工具"选项组中的""按钮，出现如图 2-68 所示的对话框。

图 2-67　为合并计算的数据选定目的区

图 2-68　"合并计算"对话框

3）在"函数"框中，选定希望用 Excel 来合并计算数据的汇总函数，求和 SUM 函数是默认的函数。

4）在"引用位置"框中，分别选定进行合并计算的源区 2003 和 2004 年销售情况数据源的地址。先选定"引用位置"框，然后在工作表选项卡上单击"2003"，在工作表中选定 2003 年销售情况的数据源区域。该区域的单元格引用将出现在"引用位置"框中，如图 2-69 所示。

5）单击"添加"按钮，对要进行合并计算的所有源区域重复上述步骤，可以看到"合并计算"对话框如图 2-70 所示。最后单击"确定"按钮，就可以看到合并计算的结果，如图 2-71 所示。

图 2-69　"合并计算"对话框的"引用位置"

图 2-70　"添加"后的效果

	A	B	C	D	E	F
1	硬件部2003至2004年销售额					
2	类别	第一季	第二季	第三季	第四季	总计
3	便携机	933300	181000	460000	778100	2352400
4	工控机	163000	223000	144000	251000	781000
5	网络服务器	171000	395000	178700	89600	834300
6	微机	320700	241100	321800	179100	1062700
7	合计	1588000	1040100	1104500	1297800	5030400

图 2-71　合并计算的结果

2．通过分类来合并计算数据

通过分类来合并计算数据是指：当多重来源区域包含相似的数据却以不同的方式排列时，此命令可使用标记，依照不同分类进行数据的合并计算，也就是说，当选定格式的表格具有不同的内容时，可以根据这些表格的分类来分别进行合并工作。若使如图 2-66 所示的数据表变为如图 2-72 所示的形式，就必须使用"分类"来合并计算数据。

	A	B	C	D	E	F	G
1	硬件部2004年销售额						
2	类别	第一季	第二季	第三季	第四季	总计	
3	网络服务器	96000	251000	93200	52100	492300	
4	便携机	417800	98500	120000	298600	934900	
5	工控机	95000	123000	76000	111000	405000	
6	微机	169200	114500	176900	87600	548200	
7	合计	682000	336000	372900	497200	1838100	
8							

图 2-72　样表

执行步骤如下：

1）为合并计算的数据选定目的区。单击"数据"选项卡中的"数据工具"选项组里的" ⊞ "按钮，出现"合并计算"对话框。在"函数"框中，选定用来合并计算数据的汇总函数。求和（SUM）函数是默认的函数。

2）在"引用位置"框中，输入希望进行合并计算的源区的定义。先选定"引用位置"框，然后在"窗口"菜单下，选择该工作簿文件，在工作表中选定源区域，该区域的单元格引用将出现在"引用位置"框中。

对要进行合并计算的所有源区域重复上述步骤。

如果源区域顶行有分类标记，则选中在"标签位置"下的"首行"复选框。如果源区域左列有分类标记，则选中"标签位置"下的"最左列"复选框。在一次合并计算中，可以选中两个复选框。在本例中选中"最左列"复选框，如图 2-73 所示。单击"确定"按钮，就可以看到合并计算的结果。

图 2-73　"合并计算"的"最左列"效果

二、数据透视表

数据透视表是一种对大量数据快速汇总和建立交叉列表的交互式表格。它不仅可以转换行和列来查看源数据的不同汇总结果、显示不同页面来筛选数据，还可以根据需要显示区域

中的明细数据。对表 2-15 中各班同学按来源进行分类汇总，步骤如下。

1）将光标定位在表 2-15 数据清单的任一位置，在"插入"选项卡中，单击"表格"选项组中"数据透视表"下拉列表中的"数据透视表"按钮，打开"创建数据透视表"对话框，如图 2-74 所示。

2）在"创建数据透视表"对话框中，选择要分析的数据源的数据区域和放置数据透视表的位置，如图 2-75 所示。

图 2-74 "创建数据透视表"对话框   图 2-75 "创建数据透视表"区域

3）单击"确定"按钮。设置"数据透视表字段列表"，用鼠标拖动"班级"按钮置于"行"中，拖动"来源"按钮置于"列标签"中，拖动"学号"按钮置于"数值"中，对各班同学按"来源"汇总，如图 2-76 所示。

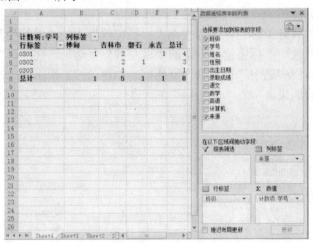

图 2-76 汇总效果图

操作步骤

1）选定合并计算区，单击"数据"选项卡中"数据工具"选项组中的"▦"按钮，将对如图 2-65 和图 2-66 所示的 2003 年和 2004 年的销售情况进行合并操作。

2）将光标置于数据清单中的任一位置，单击"插入"选项卡中"表格"选项组中"数据透视表"下拉列表中的"数据透视表"按钮，打开"创建数据透视表"对话框，选中"选择一个表或区域"单选按钮和"现有工作表"单选按钮，如图 2-77 所示。拖动"类别"置于"行标签"中，拖动"总计"置于"数值"中，如图 2-78 所示。

图 2-77 "创建数据透视表"对话框　　　　　　　　图 2-78 汇总效果

 我来试一试

1）对表 2-15（见"试一试原件"文件夹下的"案例 8.xlsx"）中各班同学情况按性别汇总各班级人数。使用数据透视表完成。效果如图 2-79 所示。

2）对图 2-80 中（见"试一试原件"文件夹下的"案例 8.xlsx"）2003 年和 2004 年中等职业学校设备固定资产情况进行合并计算。效果如图 2-81 所示。

图 2-79 效果图 1

	A	B	C	D	E	F
1	中等职业学校固定资产情况（单位：元）					
2	年度	设备名称	中专	技校	成人实习班	函授学院
3		电教设备	13376.77	10897.94	6499.57	164.73
4	2003	图书资料	4676.74	1250.11	542.07	11.97
5		录音带	637118.33	222273.33	33679.00	2140.00
6		录像带	468945.67	132348.00	29161.67	3887.33
7		电教设备	40130.31	32693.82	19498.71	494.20
8	2004	图书资料	14030.22	3750.32	1626.20	35.92
9		录音带	1911355.00	666820.00	101037.00	6420.00
10		录像带	1406837.00	397044.00	87485.00	11662.00
11		学校占地（平方米）	10391020	21703195	11999514	157341

图 2-80 样表

2003~2004年度中等职业学校固定资产情况（单位：元）				
设备名称	中专	技校	成人实习班	函授学院
电教设备	53507.08	43591.76	25998.28	658.93
图书资料	18706.96	5000.43	2168.27	47.89
录音带	2548473.33	889093.33	134716.00	8560.00
录像带	1875782.67	529392.00	116646.67	15549.33

图 2-81 效果图 2

 我来归纳

合并计算和数据透视表的方法都比较灵活，通过大量的实践才能更好地使用这两种方法。掌握这些内容，在工作实践中会有意想不到的帮助。

我来看图说话—— 创建图表

【教学指导】

由任务引入，演示讲解插入图表、图表选项的设置、改变图表类型、添加图表标题及数据标志、设置坐标轴格式、设置数据系列格式。使学生学会并熟练掌握图表的用法。

【学习指导】

任务

对学生来源的统计豆子做得非常好，老师很满意，但还希望在统计的基础上画一个图表。豆子画了一天也不满意，还是找老师来帮忙完成这个图表吧！对案例8中的学生来源统计情况制作一个图表，如图2-82所示。

班级	桦甸	吉林市	蛟河	磐石	延吉	永吉
				学生来源情况统计表		
0301	1	5				2
0302	2	2		1	1	2
0303	1	4	2	1		
总计	4	11	2	2	1	4

图2-82　学生来源情况统计表

知识点

一、制作图表

1）单击数据清单后，单击"插入"选项卡中"图表"选项组中的"▦"按钮，如图2-83所示。

图2-83　图表类型

2）在列表中列出了 Excel 2010 提供的图表类型，每一种类型都有相应的子图表，从中选择所需要的图表样式，如图2-84所示。

3）这时，就会看到图形嵌入在工作表中，如图2-85所示。

图 2-84 图表样式

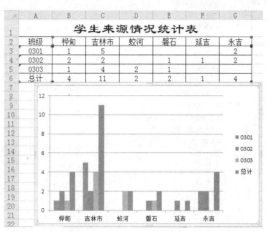

图 2-85 图形嵌入在工作表中

二、图表的修改

1）使用功能区进行修改。单击图表，将图表激活。选择"图表工具"选项卡，如图 2-86～图 2-88 所示，可以对图表进行快速修改。

图 2-86 "图表工具设计"选项卡

图 2-87 "图表工具布局"选项卡

图 2-88 "图表工具格式"选项卡

2）单击鼠标右键进行修改。

3）双击要修改的图表选项，弹出对应的格式对话框，可对该选项进行修改。此时编辑栏中名称框的内容即为所选图表对象，如图 2-89～图 2-93 所示。

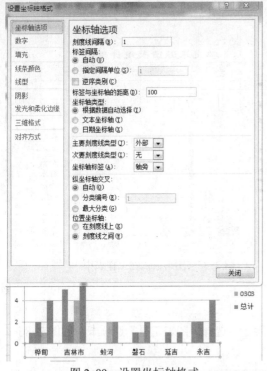

图 2-89　设置坐标轴格式

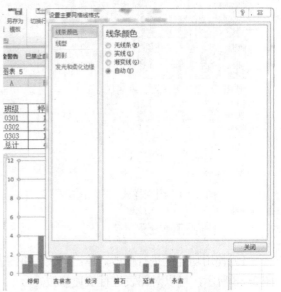

图 2-90　设置主要网格线格式

图 2-91　设置数据系列格式

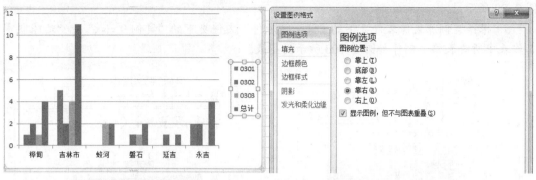

图 2-92　设置图例格式

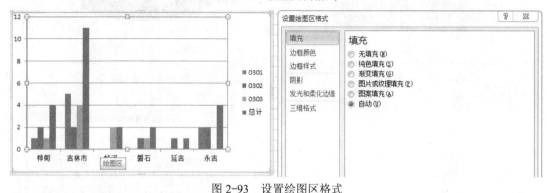

图 2-93　设置绘图区格式

操作步骤

1）对各班来源情况制作一个新的表格，如图 2-94 所示。

桦甸	吉林市	蛟河	磐石	延吉	永吉
4	11	2	2	1	4

图 2-94　样表

2）选中表格，单击"插入"选项卡中"图表"选项组中的"■"按钮，按图表向导提示制作一个条形图。

3）对图表进行修饰。

我来试一试

1）根据学生情况表格（见"试一试原件"文件夹下的"案例 9.xlsx"），制作一个各班男女生比率的三维簇状柱形图，效果如图 2-95 所示。

2）根据学生情况表格（见"试一试原件"文件夹下的"案例 9.xlsx"），制作一个学生年龄段的三维饼图，效果如图 2-96 所示。

3）根据图 2-97 制作图表（见"试一试原件"文件夹下的"案例 9.xlsx"），参考效果如图 2-98 所示。

4）使用案例 8 中图 2-66 的 2004 年硬件部销售额数据表，制作一个折线图并修改，如

图 2-99 所示。

5）根据案例原文件文件夹下的"试一试原件"文件夹下的"案例 9.xlsx"中"足球联赛"工作表中所给表格，制作如图 2-100 所示的图表。

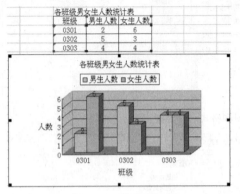

图 2-95　效果图 1

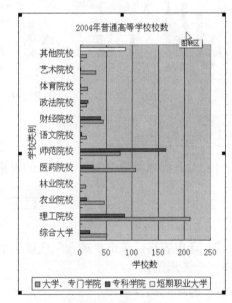

图 2-96　效果图 2

2004年普通高等学校校数			
	大学、专门学院	专科学院	短期职业大学
综合大学	51	19	0
理工院校	211	86	0
农业院校	46	13	0
林业院校	11	0	0
医药院校	107	25	0
师范院校	77	164	0
语文院校	12	3	0
财经院校	44	39	0
政法院校	12	15	0
体育院校	14	1	0
艺术院校	30	1	0
其他院校	12	0	87

图 2-97　样表

图 2-98　效果图 3

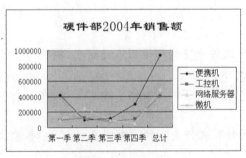

图 2-99　效果图 4

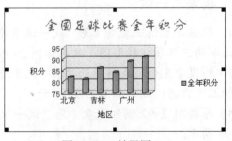

图 2-100　效果图 5

我来归纳

图表的编辑形式非常灵活，形成的结果也是多样的，比较不同类型图表的表达效果，在编辑中采用适合的图表会达到更好的效果。

思考：用 Excel 的计算能力和图表制作函数图像可以帮助我们更好地学习数据知识，想一想应该怎样做呢？

使用图表制作正弦函数图像。

1）录入函数值，如图 2-101 所示（见案例原文件文件夹下的"试一试原件"文件夹中的"案例 9.xls"）。

2）选择数据区，插入"散点"图，在类型中选择"无数据点平滑线散点图"，可得到如图 2-102 所示的函数图像。

x	y=sin(x)
0	0
10	0.173648
20	0.34202
30	0.5
40	0.642787
50	0.766044
60	0.866025
70	0.939692
80	0.984808
90	1
100	0.984808
110	0.939693
120	0.866026
130	0.766046
140	0.642789
150	0.500002
160	0.342022
170	0.173651
180	2.65E-06

图 2-101　样表

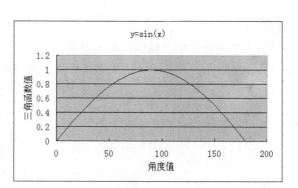

图 2-102　最终效果

案例 10　我在工作表中插入图片——图片的使用

【教学指导】

由任务引入，演示讲解插入图片、绘制图形、加入艺术字、加入文本框。使学生学会并熟练掌握图形、图片的处理。

【学习指导】

任务

豆子的好朋友在外地找到了工作，马上就要离开了，他打算做一张如图 2-103 所示的电子卡片送给他。在 Excel 中应该怎么做呢？

图 2-103　电子卡片

知识点

一、图片和图形

1. 插入图片

单击"插入"选项卡中"插图"选项组中的"图片"按钮，从文件列表中选择要插入的文件，如图 2-104 所示。单击"插入"按钮，在工作表中就出现选中的文件了。

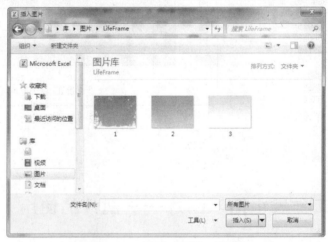

图 2-104　"插入图片"对话框

2. 图片的处理

可对图片进行增大亮度、减小亮度、增大对比度、减小对比度等处理，如图 2-105 所示。

图 2-105　"图片工具格式"选项卡

3．绘制图形

1）单击"插入"选项卡中"插图"选项组中的""按钮，弹出"自选图形"列表，可以选择各种自选图形进行制作，如图 2-106 所示。

2）选中绘制的图形，选择"绘图工具格式"选项卡，如图 2-107 所示，可设置图形格式。

图 2-106　自选图形列表

图 2-107　"绘图工具格式"选项卡

3）选中绘制的图形，单击鼠标右键选择"设置形状格式"命令，在弹出的"设置形状格式"对话框中可设置图形格式，如图 2-108 所示。

图 2-108　"设置形状格式"对话框

二、艺术字

单击"插入"选项卡中"文本"选项组中的""按钮，单击选择一种艺术字样式插

入。选择"艺术字"可修改内容，还可以在艺术字功能区设置艺术字格式，如图 2-109 所示。或单击鼠标右键，在弹出的快捷菜单中进行设置，如图 2-110 所示。

图 2-109　艺术字功能区　　　　　　　　　　　图 2-110　快捷菜单

三、文本框

单击"插入"选项卡中"文本"选项组中的"▦"按钮，有"横排文本框"和"竖排文本框"两种选择，可选择其中一种插入，单击文本框可修改文本框内容。通过格式功能区可以设置文本框的格式，如图 2-111 所示，或单击鼠标右键，在弹出的快捷菜单中进行设置，如图 2-112 所示。

图 2-111　文本格式功能区　　　　　　　　　　图 2-112　右键快捷菜单

操作步骤

1）新建一个工作表，单击"插入"选项卡中"插图"选项组中的"▦"按钮，选择一张图片插入。

2）单击"插入"选项卡中"文本"选项组中的"艺术字"按钮，输入"前程似锦"。字体为"华文行楷"，40 号字，黑色，无形状轮廓，三维旋转（透视第二行第二个），梭台（第一行第一个）。

3）单击"插入"选项卡中"文本"选项组中的""按钮，插入横排文本框，在文本框中输入"祝你在人生道路上能前程似锦，快乐幸福"，字体为"华文行楷"，26 号字，白色。单击"格式"选项卡，在"形状样式"选项组中单击" 形状轮廓 "按钮，选择"无轮廓"，单击" 形状填充 "按钮，选择"无填充颜色"。

4）单击"插入"选项卡中"插图"选项组中" "中的"曲线"按钮，画一个小脚丫的形状，按<Shift>+"椭圆"按钮画脚趾，填充上黑色，两部分组合在一起，复制粘贴一排脚印。

我来试一试

根据所讲知识设计一张题为"我的未来"的卡片，要求使用图片、图形、艺术字和文本框（图片素材可在"试一试原件"文件夹下的"素材"文件夹里查找）。

我来归纳

图形、图片、艺术字和文本框的知识与 Word 中是相同的，因此这部分内容 Word 可以处理的 Excel 也可以处理。

案例 11　期末成绩单我来做—— 综合练习

【教学指导】

由任务引入，演示讲解数据的录入、表格格式化、数据的统计、图表的使用、公式与函数的使用。综合复习 Excel 中所学的重点内容，帮助学生贯穿 Excel 各部分的内容，巩固所学知识。

【学习指导】

任务

通过对 Excel 的学习，豆子现在觉得自己可以做很多事情了。期末考试结束了，需要对本班的期末考试成绩进行处理，求平均分、排序、统计各分数段的人数、制作图表。以前这些工作很多都要请教老师，现在我自己都可以解决了。看我怎么来完成吧！成绩单如图 2-113 所示。

	A	B	C	D	E	F	G	H
1			各班学生成绩单					
2	班级	学号	姓名	性别	语文	数学	英语	计算机
3	0301	030102	包霏	男	67	95	80	73
4	0301	030107	丁宇	男	98	78	86	79
5	0301	030101	李菲菲	女	78	89	97	94
6	0301	030103	李明曦	女	78	98	85	71
7	0302	030202	白娇	女	95	95	82	98
8	0302	030204	李客	男	67	87	81	89
9	0302	030206	李雷	男	83	90	89	97
10	0302	030207	李学民	男	64	72	57	92
11	0303	030305	何雪	女	95	97	93	95
12	0303	030301	李丹	女	92	89	84	97

图 2-113　成绩单样表

 知识点及操作步骤

一、录入成绩单基本内容

选定单元格，录入各项内容。学号部分用"自动填充"功能。

> 注意：数值数据不能以"0"开头，因此在输入学号时应该用单引号"'"开头，再输入数据，如图 2-114 所示。所有的学号用"填充柄"自动填充输入。

图 2-114　自动填充样表

二、计算平均分

在 G2 单元格中插入函数，在"函数分类中"选择"常用函数"中的平均数函数"Average"计算平均分，用填充方法对所有同学求平均分，如图 2-115 所示。

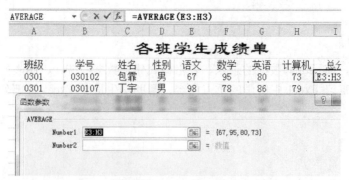

图 2-115　平均分函数

三、排序

1）选中班级成绩单内容，单击"数据"选项卡中"排序"选项组中的"排序"按钮，弹出如图 2-116 所示的对话框，按"平均分"从高到低降序排序。

2）用填充的方法，对排好序的成绩单添加名次项，如图 2-117 所示。

图 2-116 "排序"对话框

姓名	语文	数学	英语	计算机	平均分	名次
李菲菲	78	89	97	94	89.5	1
刘慧影	87	98	88	81	88.5	2
丁宇	98	78	86	79	85.25	
李明曦	78	98	85	71	83	
张海燕	78	83	93	73	81.75	
包霏	67	95	80	73	78.75	
修莹玉	87	69	91	68	78.75	
王鹤	34	100	89	62	71.25	

图 2-117 添加名次项

3）选中整个成绩单，按"学号"重新排序。

四、统计各分数段人数

使用 f_x，在"函数分类"中选择"统计"中的"Countif"函数与公式配合使用，计算各分数段的人数，如图 2-118 所示。

	A	B	C	D	E	F	G	H
1	学号	姓名	语文	数学	英语	计算机	平均分	名次
2	030101	李菲菲	78	89	97	94	89.5	1
3	030102	包霏	67	95	80	73	78.75	6
4	030103	李明曦	78	98	85	71	83	4
5	030104	刘慧影	87	98	88	81	88.5	2
6	030105	王鹤	34	100	89	62	71.25	8
7	030106	修莹玉	87	69	91	68	78.75	7
8	030107	丁宇	98	78	86	79	85.25	3
9	030108	张海燕	78	83	93	73	81.75	5
10		全班平均分		82.09375				
11		90--100	80--90	70--80	60--70	不及格		
12	人数	0	5	3	0	0		
13	百分比	0	0.625	0.375	0	0		

图 2-118 使用 Countif 函数计算人数

五、设置单元格格式

对各分数段的人数所占百分数项数据设置单元格格式为百分比样式。选中单元格，单击"开始"选项卡中"单元格"选项组中"格式"下拉列表中的"设置单元格格式"按钮，弹出对话框，作如图 2-119 所示的设置。

六、制作图表

对各分数段的人数制作图表。单击"插入"选项卡中的"📊"下拉列表，选择饼形二维图表，如图 2-120 所示。

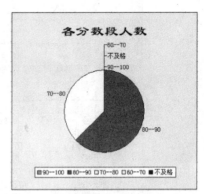

图 2-119 "设置单元格格式"对话框　　　　　图 2-120　饼形图表

七、制作完成

对完成的学生成绩单进行修饰，加边框和标题栏，居中，制作完成，如图 2-121 所示。

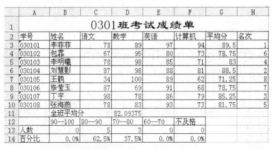

	A	B	C	D	E	F	G	H
1				0301班考试成绩单				
2	学号	姓名	语文	数学	英语	计算机	平均分	名次
3	030101	李菲菲	78	89	97	94	89.5	1
4	030102	包霏	67	95	80	73	78.75	6
5	030103	李明曦	78	98	85	71	83	4
6	030104	刘慧影	87	98	88	81	88.5	2
7	030105	王鹤	34	100	89	62	71.25	8
8	030106	修莹玉	87	69	91	68	78.75	7
9	030107	丁宇	98	78	86	79	85.25	3
10	030108	张海燕	78	83	93	73	81.75	5
11		全班平均分		82.09375				
12		90--100	80--90	70--80	60--70	不及格		
13	人数	0	5	3	0	0		
14	百分比	0.0%	62.5%	37.5%	0.0%	0.0%		

图 2-121　样表

 我来试一试

一个学期结束的时候老师都要对同学们的成绩进行处理，按照本例的方法，对自己班级的成绩进行处理。

 我来归纳

与其他应用软件一样，Excel 的使用方法非常简单易学，它提供的函数能解决很多实际工作中的问题，掌握这些函数的方法，在将来的生活中一定有机会大显身手。

第 3 篇 演示文稿（PowerPoint 2010）

 球球发言

　　学校举行公开班会活动，豆子参观了高年级的主题班会。在班会上高年级学生运用 PowerPoint 2010 制作了班会的节目单，形式新颖，很吸引他。他非常想了解 PowerPoint 这个软件，还得去请教一下球球。

豆子：PowerPoint 2010 也是 Office 里的软件吗？

球球：对呀。PowerPoint 2010 是 Microsoft Office 的重要组成部分。

豆子：PowerPoint 是什么？它有什么作用呢？

球球：PowerPoint 是一种功能强大的演示文稿创作工具，使用它可以制作满足不同需求的演示文稿。使用 PowerPoint 制作的演示文稿可以通过不同的方式播放，可以将演示文稿打印成一页一页的幻灯片，使用投影仪播放，也可以在演示文稿中设置各种引人入胜的视觉、听觉效果。

　　PowerPoint 可用于设计制作专家报告、教师授课、产品演示、广告宣传的电子版幻灯片，制作的演示文稿可以通过计算机屏幕或投影机播放。

　　使用 PowerPoint 不仅可以创建演示文稿，还可以在互联网上召开面对面会议、远程会议或在 Web 上给观众展示演示文稿。

❖ 本篇重点

1）了解 PowerPoint 2010 的特点与新功能。

2）认识 PowerPoint 2010 的窗口组成。

3）学会新建和保存演示文稿。

4）掌握编辑演示文稿的方法。

5）会使用母版控制幻灯片外观。

6）掌握图形、声音的使用方法。

7）掌握动画的使用。

8）会使用路径及动作按钮。

9）能播放演示文稿。

10）将演示文稿打包。

多姿多彩——创建演示文稿

【教学指导】

由任务引入，了解 PowerPoint 2010 的特点与新功能，PowerPoint 2010 窗口界面组成，演示讲解 PowerPoint 2010 的启动、新建、保存、退出的方法，为以后学习演示文稿的其他内容打下良好的基础。

【学习指导】

豆子在一次公开班会上看到，高年级同学使用 PowerPoint 2010 制作的班会节目单，图文并茂，十分引人入胜，在学习了 Word、Excel 之后非常想学一学 PowerPoint 软件，好使用它来制作演示文稿。接下来我们就和豆子一起进入 PowerPoint 2010 的学习。

一、PowerPoint 2010 的特点与新功能

1. PowerPoint 的特点

（1）"幻灯片"式的演示效果

PowerPoint 制作的 PPT 文件可以用幻灯片的形式进行演示，非常适用于学术交流、演讲、工作汇报、辅助教学和产品展示等需要多媒体演示的场合。因此 PowerPoint 文件又常被称为"演示文稿"或"电子简报"。

（2）强大的多媒体功能

PowerPoint 能很简便地将各种图形、图像、音频和视频素材插入到文件中，使文件具有强大的多媒体功能。

2. PowerPoint 2010 的新功能

（1）Fluent UI

PowerPoint 2010 用户界面是从 2007 Microsoft Office 2007 中引入的 Microsoft Office Fluent 用户界面的更新。Microsoft Office Fluent UI 旨在使用户能够更轻松地查找和使用 Office 应用程序提供的完整功能，并保持工作区的干净整齐。

（2）文件格式

PowerPoint 2010 文件格式支持新功能，例如在 Web 上共享、链接的演示文稿共同创作

142

以及版本控制。

（3）协作和共享功能

PowerPoint 2010 支持共同创作功能。

（4）面向现场和虚拟观看者的演示文稿

PowerPoint 2010 具有远程幻灯片放映功能，使用户可以通过 Web 或网络连接向虚拟参与者和/或现场参与者放映幻灯片。

（5）使用文本和对象

PowerPoint 2010 提供了改进的编辑工具，这些工具具有一组新的照片效果，使用户能够转换他们的图像。

二、演示文稿的组成与设计原则

演示文稿是由一张或若干张幻灯片组成的，每张幻灯片一般至少包含两部分内容：幻灯片标题（用来表明主题）、若干文本条目（用来论述主题）。另外，还可以包括图形、表格等其他对于论述主题有帮助的内容。如果是由多张幻灯片组成的演示文稿，则通常在第一张幻灯片上单独显示演示文稿的主标题，在其余幻灯片上分别列出与主标题相关的子标题和文本条目。

在使用 PowerPoint 建立的演示文稿中，为了方便演讲者，还为每张幻灯片配备了备注栏，在备注栏中可以添加备注信息，在演示文稿播放的过程中对演讲者起提示作用，在播放演示文稿时备注栏中的内容观念是看不到的。PowerPoint 还可以将演示文稿中每张幻灯片中的主要文字说明自动组成演示文稿的大纲，以方便演讲者查看和修改演示文稿大纲。

制作演示文稿的最终目的是给观众演示，能否给观众留下深刻印象是评定演示文稿效果的主要标准。为此，在进行演示文稿设计时一般应遵循以下设计原则。

- 重点突出。
- 简捷明了。
- 形象直观。

在演示文稿中尽量减少文字的使用，因为大量的文字说明往往使观众感到乏味，尽可能地使用其他能吸引人的表达方式，比如：使用图形、图表等方式。如果可能的话，还可以加入声音、动画和影片剪辑等来加强演示文稿的表达效果。

三、启动、新建、保存和退出

1. 启动 PowerPoint 2010

要使用 PowerPoint 2010，第一步要做的工作就是启动 PowerPoint 2010。双击图标即可启动 PowerPoint 2010。启动之后，将出现如图 3-1 所示的 PowerPoint 2010 的启动界面。

功能区是 Fluent UI 的一部分，旨在优化关键 PowerPoint 演示文稿方案以使其更易于使用。使用功能区，可以更快地访问 PowerPoint 2010 中的所有命令，并且可以在以后更加轻松地添加内容和进行自定义。还可以自定义功能区，例如，用户可以创建自定义选项卡和自定义组来包含常用命令。为了在页面上充分显示演示区，还可以在编辑期间隐藏功能区。

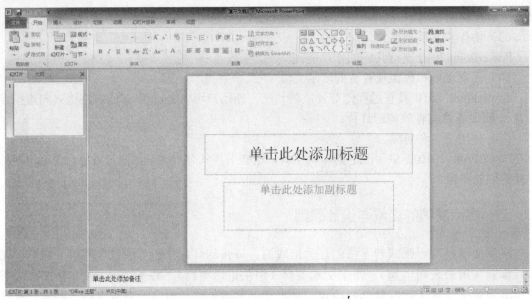

图 3-1   PowerPoint 2010 的启动界面

2. 新建 PowerPoint 2010 演示文稿

PowerPoint 2010 提供了多种新建的方式，包括"空白演示文稿""最近打开的模板""样本模板""主题""我的模板""根据现有内容新建" 6 种选择，如图 3-2 所示。在启动 PowerPoint 2010 之后，就会自动新建演示文稿，在当前的界面下即可编辑演示文稿。

图 3-2   PowerPoint 2010 的新建界面

单击"文件"选项卡，切换至文件界面，在窗口左侧选项中选择"新建"，可以根据用户的需要选择要创建的类型，单击"创建"按钮。

（1）空白演示文稿

新建默认名称为"演示文稿 1"的空白演示文稿。

（2）最近打开的模板

列出最近使用过的模板，方便用户选择。

（3）样本模板

PowerPoint 2010 为用户提供了自动生成的样本模板，其中有多种类型可供用户选择，如

图 3-3 所示。

图 3-3　"样本模板"界面

（4）主题

PowerPoint 2010 为用户提供了多种风格的主题样式，如图 3-4 所示。

图 3-4　"主题"界面

（5）我的模板

用户可自定义将使用的模板设定到"我的模板"中，如图 3-5 所示。

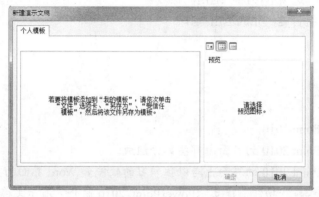

图 3-5　"新建演示文稿"对话框

（6）根据现有内容新建

可以根据现有的内容新建演示文稿，如图 3-6 所示。

图 3-6 "根据现有演示文稿新建"对话框

3．保存 PowerPoint 2010 演示文稿

保存 PowerPoint 2010 演示文稿的方法有以下 3 种。

1）单击窗口左上方的 ■ 按钮，保存当前演示文稿。

2）执行"文件"选项卡中的"保存"命令。

3）按<Ctrl+S>组合键，完成保存。

4．退出 PowerPoint 2010

退出 PowerPoint 2010 的方法有以下 4 种。

1）单击窗口右上角的 X 按钮。

2）执行窗口控制菜单中的"关闭"命令。

3）执行"文件"选项卡中的"退出"命令。

4）按<Alt+F4>组合键，完成退出操作。

 我来试一试

1）启动 PowerPoint 2010。

2）说出 PowerPoint 2010 的界面由哪些部分组成。

3）观察 PowerPoint 2010 的界面上与以往学习的软件如 Word 界面的异同处。

4）使用"样本模板"功能，建立"PowerPoint 2010 简介"演示文稿，将演示文稿保存后退出。

5）使用"主题"功能，建立"跋涉"主题的演示文稿，将演示文稿保存后退出。

我来归纳

PowerPoint 2010 的启动、新建、保存、退出的方法以及操作界面都与 Word 2010 软件十分相似。有了前面学习的基础，掌握 PowerPoint 2010 的操作会更容易些。建立演示文稿也很方便，使用"新建"选项可以建立各种类型的演示文稿。

案例 2　个性自我——视图、开始和设计

【教学指导】

由任务引入，了解演示文稿的视图及特点，了解母版的含义及作用，掌握格式化幻灯片的方法，能熟练应用"设计"建立风格统一的演示文稿，能使用背景样式、自定义颜色来修饰演示文稿。

【学习指导】

任务

在学会了建立新演示文稿的方法后，豆子发现自己的演示文稿中的文本很呆板、不是很美观，他非常希望掌握演示文稿的格式化方法，能学习一些修饰演示文稿的方法，能按照自己的想法把演示文稿设计得更出色。

知识点

一、演示文稿的视图

PowerPoint 2010 演示文稿的视图分为演示文稿视图和母版视图。其中，演示文稿视图包括普通视图、幻灯片浏览、备注页和阅读视图；母版视图包括幻灯片母版、讲义母版和备注母版。

1. 演示文稿视图的功能及特点（以"PowerPoint 2010"样本模板为例）

（1）普通视图

系统默认视图，由大纲栏、幻灯片栏以及备注栏组成。大纲栏主要用于显示、编辑演示文稿的大纲，其中列出了演示文稿中每张幻灯片的页码、主题以及相应的要点。幻灯片

栏主要用于显示、编辑演示文稿中幻灯片的详细内容。备注栏主要用于为对应的幻灯片添加提示信息，对演讲者起备忘、提示作用，在实际播放演示文稿时观众看不到备注栏中的信息。普通视图如图 3-7 所示。

图 3-7　普通视图

（2）幻灯片浏览视图

以最小化的形式显示演示文稿中的所有幻灯片，在这种视图下可以进行幻灯片顺序调整、幻灯片动画设计、幻灯片放映设置和幻灯片切换设置等，如图 3-8 所示。

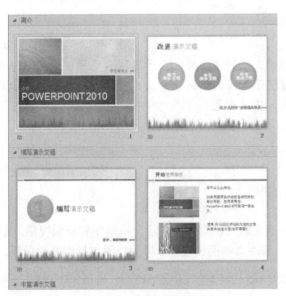

图 3-8　幻灯片浏览视图

（3）备注页视图

查看备注页内容，可以编辑演讲者备注的打印外观，如图 3-9 所示。

图 3-9　备注页视图

（4）阅读视图

将演示文稿作为适应窗口大小的幻灯片放映，以查看演示文稿的放映效果，如图 3-10 所示。

图 3-10　阅读视图

2．母版视图的功能及特点（以"PowerPoint 2010"样本模板为例）

幻灯片母版是一类特殊的幻灯片，使用幻灯片母版可以控制幻灯片中某些文本特征（如字体、字号和颜色）、背景颜色和某些特殊效果（如阴影和项目符号样式等），使演示文稿内容具有统一的风格。

（1）幻灯片母版视图

打开幻灯片母版视图，以更改母版幻灯片的设计和版式，如图 3-11 所示。

图 3-11　幻灯片母版视图

（2）讲义母版视图

打开讲义母版视图，以更改讲义的打印设计和版式，如图 3-12 所示。

图 3-12　讲义母版视图

（3）备注母版视图

打开备注母版视图，以更改备注的打印设计和版式，如图 3-13 所示。

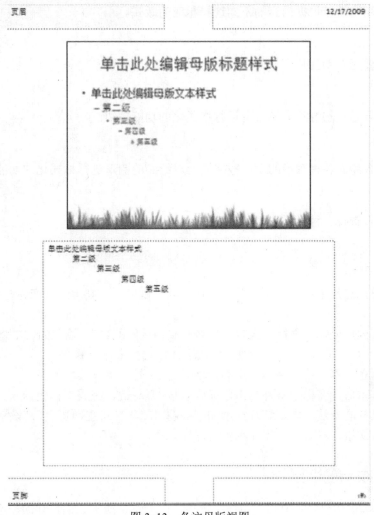

图 3-13　备注母版视图

二、演示文稿的格式化

PowerPoint 2010 功能区中的"开始"选项卡中提供了编辑演示文稿格式的相应功能的按钮，可方便用户使用，如图 3-14 所示。

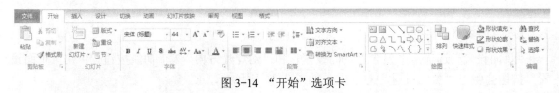

图 3-14　"开始"选项卡

1．剪贴板

剪贴板区包括粘贴、剪切、复制、格式刷等功能按钮。

2. 幻灯片

幻灯片区包括新建幻灯片、版式、重设、节等功能按钮。其中"版式"中提供了各种版式的幻灯片，用户可以根据内容的不同选择相应的版式。

3. 字体

字体区主要是对幻灯片中的文字进行格式化的功能按钮。

4. 段落

段落区主要是对幻灯片中的段落进行格式化的功能按钮。

5. 绘图

绘图区包含绘制各种图形的功能按钮以及对绘制的图形进行格式化的功能按钮。

6. 编辑

编辑区包含查找、替换、选择等功能按钮。

 操作步骤

1）在新建幻灯片中单击"单击此处添加标题"占位符，则虚线框变为含有 8 个控制点的标题框。

2）在光标闪烁处输入主标题内容"班级是我们共同的家"，输入的文本将在标题框中自动居中，如需换行，可以按<Enter>键。默认字体格式为宋体，44 号。

3）选中标题文本，设置字体为隶书，字号为 54 号，字体颜色为深红。

4）输入文本后，在标题框外单击鼠标或者按<Esc>键，完成主标题输入。

5）使用同样的方法，向幻灯片中添加副标题"二年二班主题班会"。设置字体为楷体，字号为 32 号，加粗，右对齐，字体颜色为深红。

三、演示文稿的设计

PowerPoint 2010 功能区中的"设计"选项卡中提供了演示文稿设计的相应功能的按钮，如图 3-15 所示。

图 3-15 "设计"选项卡

1. 页面设置

"页面设置"选项组中包含"页面设置"和"幻灯片方向"2 个功能按钮。单击"页面设置"按钮会弹出"页面设置"对话框，如图 3-16 所示。

2. 主题

PowerPoint 2010 为用户提供了几十种主题，用户可以根据自己的需要进行选择。用户选定主题后可以自行调整颜色的配色方案。用户还可以选择将某个主题应用于选定的幻灯片还是所有幻灯片。

图 3-16 "页面设置"对话框

3．背景

"背景"选项组中包含"背景样式"和"隐藏背景图形"2 个功能按钮。背景样式中提供了 12 种样式供用户选择，用户还可以单击"背景"选项组右下角的箭头，弹出"设置背景格式"对话框，自定义设置背景格式，如图 3-17 所示。

图 3-17 "设置背景格式"对话框

操作步骤

1）打开"班级是我们共同的家"演示文稿，在"主题"中选择"跋涉"样式，单击样式按钮即可。

2）单击 颜色 按钮，在自定义下拉列表中选择"穿越"。示例样式如图 3-18 所示。

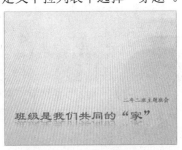

图 3-18 示例样式

我来试一试

以"感恩"为主题，为班级的班会制作演示文稿。

我来归纳

文本输入及文本格式设置与 Word 中是一样的，幻灯片的移动、复制、删除操作与文件操作基本相似。这些比较容易掌握。使用幻灯片设计中的主题、自定义颜色和背景样式等功能，可以让自己的演示文稿既风格统一又与众不同。

绘声绘色——插入对象

【教学指导】

由任务引入，掌握插入剪贴画、图片、图表、声音和超链接的方法，使演示文稿声情并茂，丰富生动。

【学习指导】

任务

在学会了编辑演示文稿后，豆子发现自己的演示文稿中还缺少图片和声音，他很希望马上能在自己的演示文稿中加入好看的图片与美妙的声音。

知识点

PowerPoint 2010 功能区中的"插入"选项卡中提供了在演示文稿中插入各种对象的按钮，如图 3-19 所示。

图 3-19　"插入"选项卡

一、表格

在 PowerPoint 2010 中可以插入和绘制表格，并可以创建 Excel 电子表格。

操作步骤

1）单击"表格"按钮，出现"表格"下拉菜单，如图 3-20 所示。

2）在"□"上拖动鼠标至相应大小的表格，单击鼠标左键即可完成表格的绘制。

3）选择"插入表格"选项，将弹出"插入表格"对话框，设置表格的行、列数，单击"确定"按钮完成表格的绘制。

4）选择"绘制表格"选项，可以自定义绘制表格。

5）选择"Excel 电子表格"选项，可以插入电子表格。

图 3-20　"表格"下拉菜单

二、图像

在 PowerPoint 2010 中可以插入图片、剪贴画、屏幕截图和相册等。

1．图片

插入来自文件的图片。

2．剪贴画

将剪贴画插入文档，包括绘图、影片、声音或库存照片，以展示特定的内容。

3．屏幕截图

插入截取的任何未最小化到任务栏的程序的图片。

4．相册

根据一组图片新建一个演示文稿，每个图片占用一张幻灯片。

操作步骤

1）单击"图片"按钮，弹出"插入图片"对话框，可以选择要插入的图片，如图 3-21 所示。

2）单击"剪贴画"按钮，在窗口右侧会出现"剪贴画"任务窗格，如图 3-22 所示。

图 3-21　"插入图片"对话框

图 3-22　"剪贴画"任务窗格

3）单击"屏幕截图"按钮，出现"屏幕截图"下拉菜单，可以插入截取的任何未最小化到任务栏的程序的图片，如图 3-23 所示。

4）单击"相册"按钮，弹出"相册"对话框，可以根据一组照片新建一个演示文稿，如图 3-24 所示。

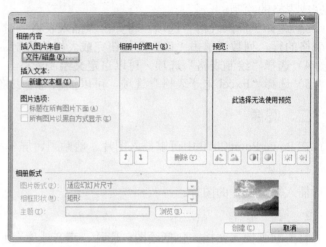

图 3-23　"屏幕截图"下拉菜单　　　　图 3-24　"相册"对话框

三、插图

在 PowerPoint 2010 中可以插入形状、SmartArt 和图表等对象。

1. 形状

插入现成的形状，如矩形和圆、箭头、线条、流程图符号和标注。

2. SmartArt 图形

插入 SmartArt 图形，以直观的方式交流信息。SmartArt 图形包括图形列表、流程图以及更为复杂的图形，例如维恩图和组织结构图。

3. 图表

插入图表，用于演示和比较数据，可用的类型包括条形图、饼图、折线图、面积图和曲面图等。

 操作步骤

1）单击"形状"按钮，出现"形状"下拉菜单，在列表中单击所选中的形状即可插入形状对象，如图 3-25 所示。

2）单击"SmartArt"按钮，出现"选择 SmartArt 图形"对话框，在列表中选择合适的 SmartArt 图形，单击"确定"按钮即可，如图 3-26 所示。

3）单击"图表"按钮，出现"插入图表"对话框，在列表中选择合适的 SmartArt 图形图表，单击"确定"按钮即可，如图 3-27 所示。

图 3-25 "形状"下拉菜单

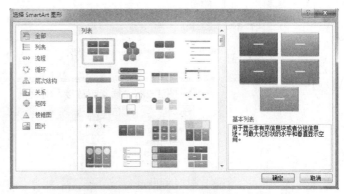

图 3-26 "选择 SmartArt 图形"对话框

图 3-27 "插入图表"对话框

四、链接

PowerPoint 2010 中的链接包括超链接和动作链接两种。

1．超链接

创建指向网页、图片、电子邮件地址或程序的链接。

2．动作

为所选的对象添加一个操作，以指定单击该对象时或者鼠标在其上悬停时应执行的操作。

操作步骤

1）选中要建立链接的文本（也可以是图形等对象），单击"超链接"按钮，出现"插入超链接"对话框，选择要链接到的文件、网页文档或者电子邮件的地址，单击"确定"按钮即可，如图 3-28 所示。

2）选中要建立链接的文本（也可以是图形等对象），单击"动作"按钮，出现"动作设置"对话框，设置相应的动作属性，单击"确定"按钮即可，如图 3-29 所示。

图 3-28 "插入超链接"对话框

图 3-29 "动作设置"对话框

五、文本和符号

在 PowerPoint 2010 中插入文本和符号的方法与 Word 2010 相同，在此就不再赘述。

六、媒体

在 PowerPoint 2010 中可以插入视频和音频剪辑。

1. 插入视频剪辑

在幻灯片中插入视频剪辑。视频剪辑可以来自文件、网站或者剪贴画。

2. 插入音频剪辑

在幻灯片中插入音频剪辑。音频剪辑可以来自文件、剪贴画或者用户自己录制的音频。

我来试一试

1）新建一个演示文稿，在第一张幻灯片中分别输入"剪贴画""图片""图表""视频"文本。

2）在第二张幻灯片中插入剪贴画。

3）在第三张幻灯片中插入图片。

4）在第四张幻灯片中插入图表。

5）在第五张幻灯片中插入视频文件。

6）分别把第一张幻灯片中的文本与其他幻灯片建立超链接。

我来归纳

在幻灯片中插入图表、图片、视频、音频和链接，这些操作都使用插入命令，过程简单，现在我的演示文稿内容丰富多了。

案例4　轻舞飞扬——切换和动画

【教学指导】

由任务引入，学会使用幻灯片切换功能，熟练运用动画自定义幻灯片，了解动画路径的概念，能熟练运用"动作路径"设置动画，让演示文稿生动起来。

【学习指导】

任务

豆子制作的演示文稿基本成形了，可是他还是不满意，因为他的演示文稿没有动画，不够生动，他非常希望可以制作出能动的演示文稿。

知识点

一、幻灯片的切换

幻灯片的切换是指由一个幻灯片移动到另一个幻灯片时屏幕显示的变化情况。在默认情况下，可以通过单击在各张幻灯片之间切换，且各张幻灯片打开时也没有什么效果。为了使幻灯片在播放时能有一些特色，可使用幻灯片切换命令来设置，如图3-30所示。

图3-30　"切换"选项卡

操作步骤

1）选中幻灯片。

2）在"切换到此幻灯片"选项组中，选择相应的幻灯片切换效果。

3）在"切换"选项卡中可以进一步设置"声音""持续时间""换片方式"等属性。

4）单击"预览"按钮观看切换效果。

5）单击"全部应用"按钮，对所有幻灯片应用相同的切换方式。

二、动画效果

PowerPoint 2010 有着丰富的动画动作选项，让用户可以快捷地设计出场景的切换效果。在 PowerPoint 2010 中，用户可以通过简单的设置，让指定的对象沿着指定的路径移动，做出各种复杂的运动曲线。使用它，用户可以打造出更加动感的演示文稿。"动画"选项卡如图 3-31 所示。

图 3-31 "动画"选项卡

1. 自定义动画

操作步骤

1）选中要自定义动画效果的对象。

2）在"动画"区域选定相应的动画效果，单击即可，如图 3-32 所示。

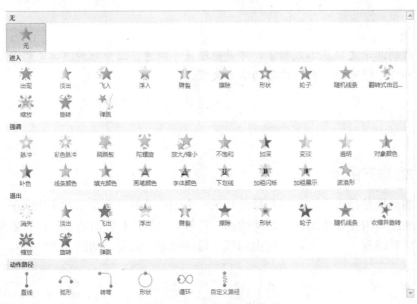

图 3-32 "动画"菜单

3）在"计时"区域，可以设置开始、持续和延迟等属性。

4）对幻灯片中的所有对象进行重新排序。

5）单击"预览"按钮，观看动画效果。

2. 动画刷

在 PowerPoint 2010 中用户可以通过"动画刷"工具，将某个动画动作设置应用在其

160

他对象中，从而免除了用户重复劳动的麻烦，使用方法也很简单，和"格式刷"的使用方法相同。

3．动作路径

"动作路径"是指定对象运动的路径，是幻灯片动画的一部分。PowerPoint 2010 本身自带基本、直线和曲线、特殊 3 类"动作路径"，可以直接使用这些"动作路径"。

操作步骤

1）选择要显示动画的文本项目或对象。

2）在"添加动画"的下拉菜单中选择"其他动作路径"选项。

3）弹出"添加动作路径"对话框，在列表中选择相应的路径，如图 3-33 所示。

4）单击选择一种路径，可以预览效果。单击"确定"按钮，完成设置。

5）在幻灯片窗格中出现路径，绿色三角表示起点，红色三角表示终点。

6）把光标放在控制点可对路径进行编辑。

7）单击"预览"按钮，查看动画效果。

图 3-33　"添加动作路径"对话框

我来试一试

1）制作一个小球由上至下运动的动画。

2）制作一个围绕几何中心旋转的太阳图形（用绘图工具绘制一个太阳图形）。

3）做两只蝴蝶飞舞的动画。

4）打开之前制作的演示文稿，为每一页幻灯片设置切换方式。

我来归纳

幻灯片切换和制作动画让演示文稿生动起来，动作路径就是为对象选择一个合适的路径设置动画，只要有想法，都可以用它来实现，现在我的演示文稿中每一个对象都能动起来。

案例 **5**

隆重推出——放映和发送

【教学指导】

由任务引入，了解演示文稿的播放方式，会使用排练计时计算播放时间，能为演示文稿录制旁白，能自由地放映演示文稿。学会使用打包命令，为自己的演示文稿进行打包，会打印幻灯片。

【学习指导】

任务

演示文稿制作完成以后，豆子非常想播放演示文稿，让别人看一看自己的作品，还想给它配上旁白，真正实现声情并茂。而且经过这段时间的学习，豆子对自己制作演示文稿的作品很满意，希望能把它打包成 CD 进行发布。

知识点

一、演示文稿的放映

PowerPoint 2010 为用户提供了多种播放方式，并且可以自定义设置放映的类型以及录制旁白等。"幻灯片放映"选项卡如图 3-34 所示。

图 3-34 "幻灯片放映"选项卡

1. 开始放映幻灯片

对于当前的演示文稿，用户可以选择"从头开始"还是"从当前幻灯片开始"播放演示文稿。PowerPoint 2010 提供向可以在 Web 浏览器中观看的远程观众广播幻灯片放映，也可以自定义幻灯片放映，可以对同一个演示文稿进行多种不同的放映。

所谓自定义放映是指，根据情况需要将原有演示文稿的一部分幻灯片组成一个新的演示文稿，也就是自己定义一个新的演示文稿。

操作步骤

1) 单击"自定义放映"按钮，打开"定义自定义放映"对话框，如图 3-35 所示。

图 3-35 "定义自定义放映"对话框

2）输入幻灯片放映名称。

3）在"在演示文稿中的幻灯片"栏中，单击选中幻灯片，再单击"添加"按钮，这时该幻灯片出现在右侧的"在自定义放映中的幻灯片"栏中。

4）按照以上步骤，把其余的幻灯片加入到"在自定义放映中的幻灯片"栏中。

5）选择完毕后，单击"确定"按钮，重新出现"自定义放映"对话框。如需要重新编辑演示文稿，可单击"编辑"按钮。或者单击"删除"按钮，取消之前自定义放映的操作。

6）编辑完成后，单击"放映"按钮。

2．设置

设置幻灯片放映的高级选项。"设置放映方式"对话框如图 3-36 所示。

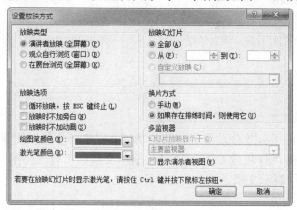

图 3-36　"设置放映方式"对话框

3．排练计时

排练计时是指预先设置每页幻灯片的播放时间。

 操作步骤

1）单击"排练计时"按钮。

2）幻灯片放映以后，出现"预演"对话框。

3）在当前幻灯片的放映时间设置好后，在当前幻灯片上单击，屏幕上出现下一张幻灯片，对下一张幻灯片进行设置。

4）重复步骤 3），完成演示文稿中所有幻灯片的放映时间设置。

5）当演示文稿中所有的幻灯片的放映时间设置完成后，会出现如图 3-37 所示的对话框，确认演示文稿的总体放映时间，单击"是"按钮，将设置保存起来。

图 3-37　确认排练时间

4．录制幻灯片演示

录制音频旁白、激光笔势、幻灯片和动画计时，在放映幻灯片时播放。

操作步骤

1）单击"录制幻灯片演示"按钮。

2）弹出如图 3-38 所示的对话框，设置相应的选项。

3）单击"开始录制"按钮。

4）用户可以选择"从头开始录制"或者"从当前幻灯片开始录制"，如图 3-39 所示。

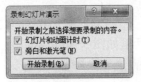　　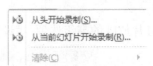

图 3-38　"录制幻灯片演示"对话框　　　　图 3-39　"录制幻灯片演示"菜单

二、发送

1. 打包成 CD

"打包成 CD"是用于有效分发演示文稿的功能，创建一个包以便其他人可以在大多数计算机上观看此演示文稿。"打包成 CD"可以打包演示文稿和所有支持的文件（包括链接文件），并可以从 CD 自动运行演示文稿。

 操作步骤

1）在 PowerPoint 中打开准备打包的演示文稿。

2）选择"文件"→"保存并发送"命令，在列表中选择"将演示文稿打包成 CD"，单击"打包成 CD"按钮，弹出"打包成 CD"对话框，如图 3-40 所示。

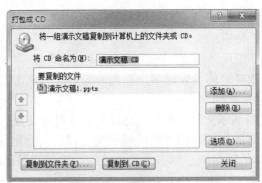

图 3-40　"打包成 CD"对话框

3）在"将 CD 命名为"文本框中输入名称。

4）除当前文件外还有其他 PowerPoint 文件需要打包，则单击"添加文件"按钮。

5）单击"复制到 CD"按钮，则弹出光驱的托盘，提示用户插入一张空白光盘即可开始刻录选中的文件。

6）单击"复制到文件夹"按钮，选择要复制的地址。

7）若要设置密码来保护该演示文稿，则在对话框中单击"选项"按钮，打开"选项"

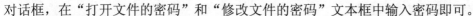

对话框，在"打开文件的密码"和"修改文件的密码"文本框中输入密码即可。

8）单击"关闭"按钮，完成操作。

2．创建视频

PowerPoint 2010 提供了创建视频的功能。可以根据演示文稿创建一个高保真版本的视频，此视频可以通过光盘、Web 或电子邮件分发。视频包含所有录制的计时、旁白和激光笔势，包含幻灯片放映中未隐藏的所有幻灯片，并且保留动画、切换和媒体。

 操作步骤

1）在 PowerPoint 中打开准备打包的演示文稿。

2）选择"文件"→"保存并发送"命令，在列表中选择"创建视频"，单击"创建视频"按钮，弹出"另存为"对话框，输入创建视频的名称和位置。

3．创建讲义

创建可在 Word 中编辑和设置格式的讲义。可以创建一个包含演示文稿中的幻灯片和备注的 Word 文档，使用 Word 设置讲义布局、设置格式和添加其他内容，当演示文稿发生更改时，自动更新讲义中的幻灯片。

 操作步骤

1）在 PowerPoint 中打开准备打包的演示文稿。

2）选择"文件"→"保存并发送"命令，在列表中选择"创建讲义"，单击"创建讲义"按钮，弹出"发送到 Microsoft Word"对话框，如图 3-41 所示。

3）选择"Microsoft Word 使用的版式"。

4）单击"确定"按钮。

图 3-41　"发送到 Microsoft Word"对话框

 我来试一试

1）用计算机屏幕播放我的演示文稿。

2）为我的演示文稿录制旁白。

3）自定义放映我的演示文稿。

4）把我的演示文稿打包成文件夹保存在桌面上。

我来归纳

现在使用"幻灯片放映"→"观看放映"命令，我的演示文稿就可以在屏幕上播放了。还使用"自定义命令"为我的演示文稿定义了几个播放文稿。使用"发送"命令，就可以在任何一台计算机上看到我的演示文稿了。经过这一段时间的学习自己很受益，我已经能帮助任课教师制作课件了。

第 4 篇 数据库管理（Access 2010）

球球发言

豆子：Microsoft Access 是一个什么样的软件？

球球：Microsoft Access 是微软公司的 Office 办公套件的一个重要组件，使用 Microsoft Access 数据库管理系统，不需要进行过多复杂的编程，使用其所提供的向导和一些图形化的界面以及工具就能够完成小型数据库系统的设计与实现。

豆子：什么是数据库管理系统呢？

球球：那要从数据库概念说起。计算机发展至今，数据处理所占的比重不断上升，例如银行存贷款数据、证券公司的股票数据、企业的财务数据、公司的销售数据等数据的处理，就涉及数据库技术。数据库是一个统一管理的相关数据的集合。数据库的特点是能够被各种用户共享，具有最小的冗余度，数据间有密切的联系但又有较高的对程序的独立性。数据库管理系统是位于用户与操作系统之间的一层数据管理软件，它提供了访问数据库的方法，包括数据库的建立、查询及更新等，像我们将要学习的 Access 就是数据库管理系统。数据库管理系统的基本目标是要提供一个可以方便、有效地存取数据库信息的环境。

豆子：我有点听明白了，Access 也是处理数据的软件，学习起来困难吗？学完 Access 我们可以有哪些技能呢？

球球：请放心，本篇图文并茂、循序渐进、加之生动实用的综合实例，一定会让你学习轻松，上手容易。学习之后，便可以创建简单的数据库应用系统，那时，你一定有成功的感觉。好了，介绍一下本篇重点知识。

❖ 本篇重点

1）掌握 Access 数据库系统的启动和退出。

2）理解数据库的概念、Access 2010 的 5 种对象及它们之间的关系。

3）掌握创建数据库、创建表的方法。

4）掌握修改数据库结构、修改表结构的方法。

5）掌握设定表之间的关系的方法。

6）掌握创建查询的方法。

7）理解窗体的概念，掌握创建窗体的方法。

8）掌握创建报表的方法、理解报表的概念和功能、理解报表的预览和打印。

我帮教师分忧愁——创建库和表

【教学指导】

由任务引入，演示讲解 Access 2010 启动、退出，认识 Access 2010 窗口界面，演示创建数据库及数据表的操作步骤，为进行表的基本操作做好准备。

【学习指导】

 任务

豆子学习了 Office 2010 的 Word、Excel 和 PowerPoint 软件之后，兴趣倍增，他很想知道 Access 2010 是一个什么样的软件。为了帮助他理解，可以举这样的例子：在 Access 2010 中建立一个学生管理数据库，根据学校对学生管理的要求，建立的数据库要能够存储学生的原始档案、在校学习成绩、奖惩情况以及借书情况等信息。根据用户提出的要求，对数据库进行各种情况统计和查询的功能。例如，可以统计获奖学金的学生名单和等级，统计符合优秀团员、优秀班干部和三好生等标准的学生名单，统计每个学生不及格的科目，查询符合各种条件的学生信息。听了这些，同学们一定和豆子一样，对 Access 很感兴趣。也很想创建一个学生管理数据库，替老师分担忧愁。

现在，就和豆子共同来学习 Access 2010 吧。

根据学生管理数据库中表的用途，确定表中要存放的信息，从而进一步确定表的结构。表 4-1～表 4-4 是为学生管理设计的 4 个表的结构。

表 4-1 "原始档案"数据库结构

字 段 名 称	数 据 类 型	字 段 长 度
学号	文本	8
姓名	文本	8
相片	OLE 对象	4
性别	文本	2
出生日期	日期/时间	8
团员否	是/否	1
家庭住址	文本	20
电话	文本	8
奖惩情况	备注	4

表 4-2 "在校情况"数据表结构

字 段 名 称	数 据 类 型	字 段 长 度
学号	文本型	8
班级	文本型	6
职务	文本型	10
宿舍	文本型	5

表 4-3　"学习成绩一学期"数据表结构

字 段 名 称	数 据 类 型	字 段 长 度	小 数 位 数
学号	文本	6	8
数学	数字	5	1
语文	数字	5	1
政治	数字	5	1
英语	数字	5	1
体育	数字	5	1

表 4-4　"借书信息"数据表结构

字 段 名 称	数 据 类 型	字 段 长 度
学号	文本型	8
藏书号	文本型	8
借书日期	日期/时间	8

在 Access 2010 中创建学生管理数据库结构，创建上述 4 个表的结构就是老师想请同学们帮忙的任务。为了完成该任务，需解决以下几个知识点。

知识点

一、Access 的启动

1）单击"开始"→"所有程序"→"Microsoft Office"→"Microsoft Access 2010"，就可以启动 Access 2010，如图 4-1 所示。

图 4-1　启动"Microsoft Access 2010"

2）使用快捷方式启动 Access 2010。

如果在 Windows 桌面上有 （图标），则直接双击此图标就可以启动 Access 2010。如果没有快捷图标，则可以为 Access 2010 建立快捷图标。

Access 初始窗口如图 4-2 所示。

图 4-2　Access 初始窗口

屏幕左侧的选项可以让用户执行不同的操作，例如，打开现有数据库、新建数据库以及创建用于创建数据库的各种模板。

二、Access 退出

要退出 Access 2010，有 3 种常用的方式。

1）单击标题栏上的关闭按钮❌。

2）单击"文件"菜单下的"退出"命令即可。

3）按快捷键<Alt+F4>。

三、创建数据库

Access 提供了 2 种创建数据库的方法。

1. 使用模板创建数据

1）在可用模板中选择"样本模板"并单击，如图 4-3 所示。

图 4-3　使用模板创建数据库

2）在可用模板中选择需要的模板，单击右下侧的"创建"按钮，如图 4-4 所示。

图 4-4　"样本模板"对话框

3）出现所建数据库界面，如图 4-5 所示。

图 4-5　"数据库"选项卡对话框

接下来可以使用该数据库了。如果对所建的数据库不满意的话，则可以对此数据库进行修改。

2. 直接创建一个空的数据库

虽然使用模板创建数据库的方法较为简便，但有时所有模板都不符合用户的需求，此时需要创建一个空的数据库，然后再对该数据库创建各个数据库对象。

创建一个空的数据库的方法如下。

在可用模板中选择"空数据库"，单击右下角的"创建"按钮，如图 4-4 所示，即可创建一个新的空白数据库。

接下来就可以在所建的数据库中创建数据库对象了。

Access 2010 提供了 5 种对象来完成数据库的功能，如图 4-6 所示。这 5 种对象为表格、查询、窗体、报表、宏与代码。Access 数据库在计算机中以数据库文件（.accdb）存储。在这 5 种对象中，表用来存储数据，查询对数据进行查看和分析，窗体为数据的输入等操作设置友好的外观，报表以格式化的形式对外展示数据，宏与代码将自动完成一组操作。这些操作在数据库窗口中进行。

图 4-6　"创建"选项卡

四、数据库表的建立与操作

对于 Access 来说，表是 5 种对象的核心对象，其余对象的操作都是在表的基础上进行的。

表是关于某一特定主题的信息的集合。表将数据组织到二维表中，其中每一行称为一条"记录"，每一列称为一个"字段"，见表 4-5。

表 4-5　关于字段和记录的说明

学　号	姓　名	性　别	宿　舍
1104101	王华	女	1-205
1104102	李育	男	1-306
1104103	赵依依	女	1-205

1．数据库表的建立

在数据库窗口中，有 3 种方法创建表。

（1）通过输入数据创建表

单击"创建"选项卡中"表格"选项组中的"表"按钮，进入数据表视图。单击"单击以添加"按钮，如图 4-7 所示，可确定字段的数据类型，通过输入数据创建新表。

（2）使用设计器创建表

使用设计器创建表是创建表最常用的一种方法，虽然对于初学者来说，使用设计器创建表较为复杂，但是使用设计器可以创建最符合自己需要的表。设计视图提供了多种创建及修改表和表结构的高级功能。要使用这些功能，可以在"创建"选项卡中"表格"选项组中单击"表设计"按钮，即可创建一个新表。设计视图窗口如图 4-8 所示。

图 4-7　通过输入数据创建表

图 4-8　设计视图窗口

（3）导入并链接表

可以通过导入来自其他位置存储的信息来创建表。例如，可以导入 Excel 工作表、SharePoint 列表、XML 文件、其他 Access 数据库、Outlook2010 文件夹以及其他数据源中存储的信息。方法是先打开数据库，选择"外部数据"选项卡，在"导入并链接"选项组中选择要导入的文件类型，再根据向导提示即可导入表。链接表的方法与导入表的方法类似。

在设计视图中，将看到"字段名称""数据类型"和"说明"这三列。它们的用途见表 4-6。

表 4-6　创建表结构的说明

列　名　称	用　　　途
字段名称	存储表中所需的字段名称，为必填项
数据类型	定义相应字段所需的数据类型，为必填项
说明	可以用于详细描述某个字段并定义该字段的用途，为可选项

现在，以"学生管理"数据库的"原始档案"表为例，在设计视图窗口中输入"原始档案"表的字段名称、数据类型和说明。在"字段名称"列中输入字段的名称，然后从下拉列表中为该字段选择一种数据类型。编写该字段的说明，更详细地解释该字段。在设计视图中创建表的示例如图 4-9 所示。

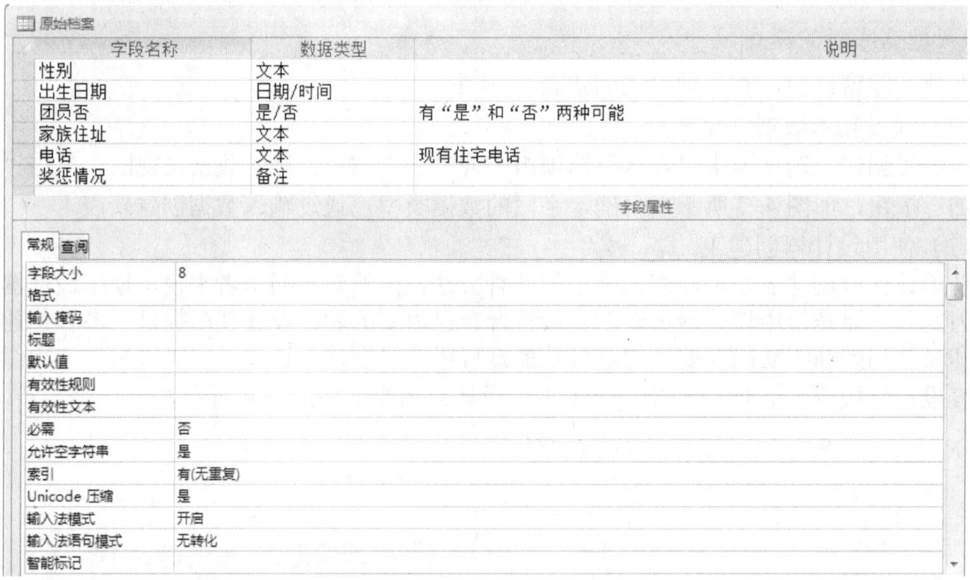

图 4-9　"原始档案"表的结构

单击左上角的"保存"按钮，保存该表。将该表命名为"原始档案"。

双击数据库窗口中该表的名称，就可以在该表的数据表视图中输入记录。

2．字段名和数据类型

（1）输入字段名称

字段是表的基本存储单元，在同一个表中，字段名称不能重复。对字段命名时，最好选用与该字段表示的内容相关的名称，这样对字段的理解有一定的帮助。

Microsoft Access 中字段的名称有如下规定。

1）长度最多只能为 64 个字符。

2）可以包含字母、数字、空格及特殊的字符（除句号"。"、感叹号"！"和方括号"[ ]"之外）的任意组合。

3）不能以空格开头。

4）不能包含控制字符（0～31 的 ASCII 值）。

5）不可以对 Microsoft Access 项目文件中使用双引号。

（2）数据类型

Access 数据类型见表 4-7。

表 4-7　Access 数据类型

数 据 类 型	说　　明
文本	存储字母数字型数据，最多为 255 个字符
备注	存储超过 65 536 个字符的数据
数字	存储可用于计算的数字型数据
日期/时间	存储日期或时间，8 字节
货币	存储货币值，8 字节
自动编号	自动生成序列号或随机编号（这些编号永远不会重复）
是/否	存储"是""否"或"对""错"的逻辑值或布尔值，1 位
超链接	用于存储 URL、电子邮件地址或指向系统中其他文件的链接，0～64 000 个字符
OLE 对象	存储图片、Word 文档、Excel 表格或其他类似文件，最高为 1GB
查阅向导	用于创建这样的字段，它允许用户使用组合框选择来自其他表或来自值列表的值。在数据类型列表中选择此选项，将会启动向导进行定义，通常为 4 字节

五、修改表结构

正确、合理地设计表结构是应用程序能开发成功的关键。所以确定好表结构后，通常还要对其进行改进和完善。例如，添加字段，删除重复的字段，修改某一字段的字段名、类型和宽度等操作。在 Access 中，通常使用"设计视图"来修改表结构。

1．修改字段名

修改字段名有两种方式，可以通过"设计"视图或者"数据表"视图进行修改。

（1）"设计"视图中修改

1）单击对象列表中所要修改的表。

2）用鼠标右键单击数据表中的"设计视图"按钮 ，进入"设计视图"。

3）单击要改名的字段，输入新的字段名。

4）单击工具栏上的"保存"按钮。

（2）"数据表"视图中修改

1）双击对象列表中要修改的表，进入"数据表"视图。

2）双击要修改的字段名，出现蓝色文本框。

3）在蓝色文本框中输入新的字段名，按<Enter>键。

2．插入字段

如果要在"原始档案"表中，于"出生日期"字段前插入创建表时忘记添加的字段"民族"，则可以使用如下方法。

1）打开"原始档案"表的"设计"视图，如图 4-10 所示，选择"出生日期"字段并单击鼠标右键，然后从弹出的快捷菜单中选择"插入行"命令，插入一行。在新行中，输入字段名称"民族"，然后为字段选择数据类型。

175

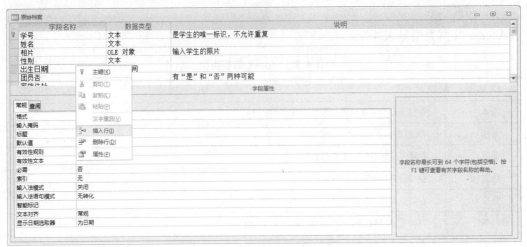

图 4-10　在"设计"视图中插入字段

2）单击"表格工具设计"选项卡中"工具"选项组中的"插入行"按钮，插入一个字段，如图 4-11 所示。

图 4-11　插入字段

单击左上角的"保存"按钮即可保存数据表。

双击表窗口中的该表名称，就可以在该表的数据表视图中输入记录。

3．删除字段

从表中删除字段的 2 种方法如下。

1）在"设计"视图中要删除的字段并单击鼠标右键，从弹出的快捷菜单中选择"删除行"命令，删除该字段。

2）单击显示在"表格工具设计"选项卡中"工具"选项组中的"删除行"图标，如图 4-12 所示。

图 4-12　删除字段

4．修改字段类型

修改字段类型可能会对数据库造成影响，所以如果表中包含数据，则应当在修改字段类型之前先保存要修改的表。

修改字段类型的操作步骤如下。

1）单击所要修改的字段的"数据类型"栏，此时出现下拉按钮。

2）单击下拉按钮，出现下拉列表，从中选择所需的数据类型。

3）修改字段属性的相应项。

注意：进行数据类型变换的时候，有可能会出现数据丢失的情况，例如，将字段长度由大变小的时候会丢失一些数据。因此，修改字段类型时一定要小心谨慎。

我来试一试

1）建立"学生管理"文件夹。

2）在 Access 中创建"学生管理"数据库，保存在"学生管理"文件夹里。

3）在"学生管理"数据库中创建表 4-1～表 4-4，保存在"学生管理"文件夹里。

我来归纳

通过这个案例的学习，对 Access 2010 有一个初步的了解。你已经掌握了创建数据库和数据表的方法，并且小有成就，在电脑上已存储了关于班级基本情况的结构信息，可是还要添加具体记录，这是下一步的工作。

同学信息我先知——表的基本操作

【教学指导】

由任务引入，演示讲解 Access 2010 数据表的打开、关闭；数据表中记录的添加、修改、删除操作；为了更进一步合理地设计表，演示讲解表的常用属性的设定；为了后续工作服务，演示多表关系创建。

【学习指导】

任务

豆子和大家一样，想马上把同学们的信息添加到数据表中。在这个案例中就会给出相关的表的基本操作知识，使同学们能够完成这个任务。

知识点

一、打开和关闭表

在对表进行复制、修改等操作之前，需要首先打开表。表有两个主要视图，所以表也

有两种打开方式：在"设计"视图中打开；在"数据表"视图中打开。在操作完成后，应关闭表。

1．在"数据表"视图中打开表

双击对象列表中需要打开的表或在对象列表中选择需要打开的表并单击鼠标右键，在弹出的快捷菜单中单击"打开"按钮。

2．在"设计"视图中打开表

选择需要打开的表并单击鼠标右键，在弹出的快捷菜单中单击"设计视图"按钮。

3．关闭表

不管是何种视图中的表，只要单击相应窗口右上角的"关闭"按钮❌即可。

二、在"数据表"视图中，使用以下符号显示当前记录的状态

⌂：正在编辑该记录，对该记录所做的更改还没有保存。
⌂：可以在其中输入信息的新记录。
⌂：表的主键字段。

三、添加记录

如果是一个刚设计完的表，则表中没有任何记录。可以向空表或者非空表中添加记录。添加记录的操作步骤如下。
1）在"数据表"视图中打开表。
2）单击最后一行（空记录后）的第一个字段，将光标定位在该字段上。
3）输入数据，移动光标到下一个字段。
当所有的记录输入完毕后关闭表，即保存了所有记录。

四、修改记录

如果发现输入的数据出现错误，则修改该记录。修改记录的操作步骤如下。
1）在"数据表"视图中打开表，找到要修改的记录。
2）单击要修改的字段，该字段值为反白显示。
3）修改数据。

五、删除表中的记录

表中可能含有无关紧要的数据，可以使用数据表视图从表中删除。

1．删除单个记录

在数据表视图中选择该记录，然后按照以下任意一种方法将其从表中删除。
1）单击"开始"选项卡中的"删除记录"按钮 ✖。

2）选择该记录并单击鼠标右键，然后从弹出的快捷菜单中选择"删除记录"命令，如图 4-13 所示。

3）按<Delete>键删除。

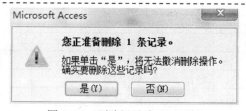

图 4-13　快捷菜单删除表中记录

2．删除多个记录

1）同时选择表中相邻的多个记录。要选择数据表中的多个记录，请在按住<Shift>键的同时选择这些记录，这种情况中的记录必须为相邻记录，还可以单击"开始"选项卡中"查找"选项组中"选择"下拉列表中的"全选"按钮。

2）使用上节列出的任意一种删除方法进行删除。

注意：在删除表中的记录之前，Access 会弹出如图 4-14 所示的对话框，要求用户确认。如果用户确认删除，则系统会删除该记录；否则，系统会将该记录保留在表中，表中的记录一旦删除就无法恢复。

图 4-14　删除记录确认对话框

我来试一试

1）请学生打开"学生管理"文件夹中的"学生管理"数据库，输入表 4-8～表 4-11 的内容。

表 4-8　学生"原始档案"表数据

学　号	姓　名	相　片	性　别	出生日期	团员否	家庭住址	电　话	奖惩情况
1104101	王华		女	90/02/01	是	吉林北安小区	6457889	省"三好"
1104102	李育		男	90/08/06	否	吉林松北二区	8765342	三好
1104103	赵依依		女	90/09/12	是	吉林丰满区	7634521	
1106101	张浩		男	90/11/21	是	吉林蛟河	6984322	市"三好"
1106102	孟繁光		男	89/12/03	是	吉林桦甸	6832456	
1106103	林雨雁		女	90/07/12	是	吉林龙潭	9872343	

（续）

学 号	姓 名	相 片	性 别	出生日期	团员否	家庭住址	电 话	奖惩情况
1108101	刘玉		女	91/01/12	否	长春庆丰	8745321	
1108102	王菲菲		女	89/08/23	是	吉林口前	7345621	
1108103	孙淼		男	91/03/10	是	吉林欢喜	6789345	
……	……	……	……	……	……	……	……	……

表 4-9　学生"在校情况"表数据

学 号	班 级	职 务	宿 舍
1104101	1104	团支书	1-205
1104102	1104	学生	1-306
1104103	1104	学生	1-205
1106101	1106	班长	1-307
1106102	1106	学生	1-307
1106103	1106	宣传委员	1-209
1108101	1108	学习委员	1-215
1108102	1108	学生	1-215
1108103	1108	学生	1-316
……	……	……	……

表 4-10　学生"借书信息"表数据

学 号	藏 书 号	借书日期
1104102	00034988	04/20/2006
1104101	00038568	04/25/2006
1108103	00017346	05/26/2006
1104102	00026325	06/30/2006
1104102	00012856	06/30/2006
1106101	00059685	10/25/2006
1106101	00089765	10/25/2006
……	……	……

表 4-11　学生"学习成绩一学期"表数据

学 号	数 学	语 文	政 治	英 语	体 育
1104101	92	88	85	87	80
1104102	86	75	73	73	90
1104103	83	80	84	84	85
1106101	95	93	90	98	87
1106102	70	78	80	72	80
1106103	85	88	97	92	85
1108101	96	98	95	99	88
1108102	80	78	76	70	80
1108103	68	73	66	74	95
……	……	……	……	……	……

2）保存文件。

六、字段属性的设定

字段属性有以下几种。

1）字段大小：设置数据类型为"文本""数字"或"自动编号"的字段中可保存数据的最大量。

2）格式：自定义数字、日期、时间及文本的显示及打印方式。

3）小数位数：定义小数的位数。

4）输入掩码：定义数据的输入格式。

5）标题：在数据表视图、报表和窗体中标志的字段的名称。

6）默认值：添加新记录时，自动为该字段添加的值。

7）有效性规则：根据表达式的规则来确认输入的数据的有效性。

8）有效性文本：输入数据不符合有效性规则时的提示信息。

9）必填字段：输入时此字段是否必须输入一定的值。

10）索引：确定该字段是否作为索引以加快数据的查找速度。

设置字段属性的方法是首先在设计视图的上半部选择字段，然后在下半部单击"常规"选项卡，接着选择要修改的属性并对该属性进行修改。以下通过具体实例来介绍设计器的常用属性。

1. 设置字段的输入和显示格式

1）打开"在校情况"表的设计器。

2）选择"学号"字段。

3）在"常规"设置栏的"标题"文本框中单击，出现输入提示符后，输入"学生编号"作为"学号"字段的显示标题，如图 4-15 所示。

图 4-15 设置"标题"

4）选择"宿舍"字段。

5）在"常规"设置栏的"输入掩码"文本框中单击，出现输入提示符后，输入"9\-999"，如图 4-16 所示。

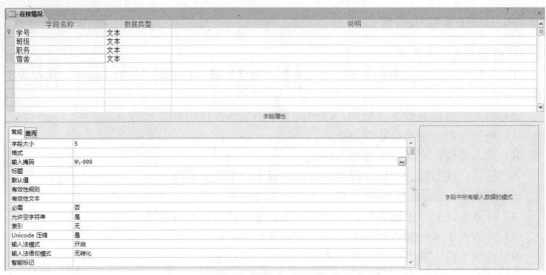

图 4-16　设置"输入掩码"

6）单击"关闭"按钮，弹出如图 4-17 所示的对话框，单击"是"按钮，保存修改。

7）打开"在校情况"表的浏览窗口，其中"学号"字段是按照输入的标题"学生编号"显示的。

8）输入新记录，如图 4-18 所示，添加"宿舍"字段值中自动出现了一个"-"，此时只需输入数字，如 1408，就会自动成为 1-408。

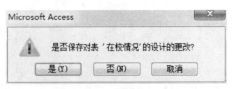

图 4-17　对表的设计确认

学生编号	班级	职务	宿舍
1104101	1104	团支书	1-205
1104102	1104	学生	1-306
1104103	1104	学生	1-205
1104104	1104	班长	
1106101	1106	班长	1-307
1106102	1106	学生	1-307
1106103	1106	宣传委员	1-209
1106105	1106		
1108101	1108	学习委员	1-215
1108102	1108	学生	1-215
1108103	1108	学生	1-316

图 4-18　浏览"在校情况"表

9）关闭浏览窗口。

2. 设置字段的默认值

1）打开"在校情况"表的设计视图。

2）选择"职务"字段。

3）在"常规"设置栏的"默认值"文本框中单击，出现输入提示符后，输入"学生"。

4）单击"关闭"按钮，系统显示如图 4-17 所示的对话框，单击"是"按钮保存修改。

5）打开"在校情况"表的浏览窗口。

6）输入新记录，发现在"职务"字段值中自动出现"学生"，如图 4-19 所示。

图 4-19 设置默认值后的"在校情况"表视图

7）输入记录时，如果此人不是学生，则再对其进行修改。

8）关闭浏览窗口。

3．设置字段的输入规则

1）打开"学习成绩—学期"表的设计视图。

2）选择"数学"字段。

3）单击"常规"设置栏"有效性规则"选项，在"有效性规则"选项右侧出现按钮，单击此按钮打开如图 4-20 所示的"表达式生成器"对话框，输入表达式"数学>=0AND 数学<=100"，然后单击"确定"按钮，返回表设计视图。

4）在"常规"设置栏的"有效性文本"文本框中输入"数学应在 0 到 100 之间"，如图 4-21 所示。

图 4-20 "表达式生成器"对话框

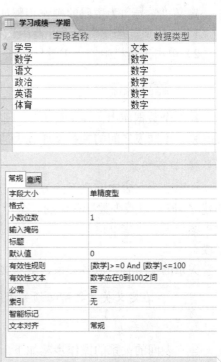

图 4-21 设置"有效性文本"

5）单击"关闭"按钮，系统显示如图4-22所示的对话框，单击"是"按钮保存修改。

6）打开"学习成绩一学期"表的浏览窗口。

7）输入新记录，在输入"数学"字段值时，如果输入的值不在设置规则范围内，则把光标移动到其他字段后就会出现一个警告窗口，如图4-23所示，其中显示的提示信息就是在"有效性文本"选项中输入的内容。

图4-22　保存表的设计确认对话框　　　　　　图4-23　输入错误警告

8）单击"确定"按钮返回，并对其进行修改。

9）关闭浏览窗口。

主码（也称主键或主关键字）是数据库中标志记录的标志。主码可以是一个或多个字段，用户可以自己指定主码，也可以由Access自动建立一个。

4．设置"学号"为"原始档案"表的主码

定义"学号"为主码的操作步骤如下。

1）在"原始档案"表设计器中选择要定义为主码的字段"学号"。

2）单击工具栏中的"主键"按钮。

七、建立表之间的关系

在一个数据库中，存储着不只一张表，这些表并不是相互独立的，而是以一定的关系相互联系。不同表之间的关系是通过表的主码来确定的。

1．认识关系

关系是表与表之间联系的方式。通过建立关系，可以创建多表查询、窗体及报表。关系的建立，既可以减少数据存储的冗余性，又保证了数据间联系的正确性。例如，为建立的"原始档案"表和"借书信息"表之间通过"学号"建立关系，主码一般是唯一标志记录实体的字段。

关系的类型有一对多关系、多对多关系和一对一关系。

> 注意：在定义关系之前必须关闭所有的表。

2．建立关系

建立表间的关系的操作步骤如下。

1）单击工具栏上的"数据库工具"选项卡，单击"关系"按钮，弹出如图4-24所示的关系视图。

图 4-24　关系视图

2）单击"显示表"按钮，选择"表"选项卡列表中的表，然后单击"添加"按钮，将所选表添加到关系窗口中。重复此步骤，直到添加完所需要的具有联系的所有表，如图 4-25 所示。

图 4-25　"显示表"对话框

3）选择设定为关联的字段，按住鼠标左键不放，将其拖放到与之相关联的另一个表中的关联字段。本例中，选择"原始档案"表中的"学号"字段，按住鼠标左键不放，将其拖放到"借书信息"表中的"学号"字段上，弹出如图 4-26 所示的"编辑关系"对话框。

图 4-26　"编辑关系"对话框

注意：两个相关联的字段必须是内容相同、类型相同，但字段名可以不同。

4）选择关系选项，即是否设置"实施参照完整性"。如果选中该选项，则可以选择"级

185

联更新相关字段"和"级联删除相关字段"。单击"创建"按钮，则关闭此对话框，并在两个表之间设置连线。

5）重复步骤3）、4），直到建立所有的关系，如图4-27所示。

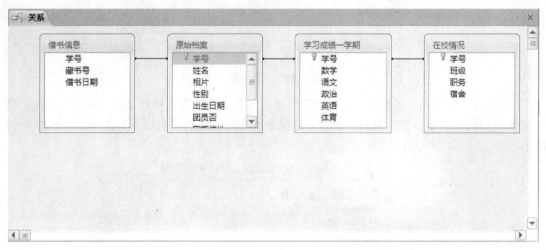

图4-27 "关系"窗口

6）单击"关系"窗口右上角的"关闭"按钮，弹出"存取"对话框，如图4-28所示。

图4-28 "存取"对话框

7）单击"是"按钮，完成表之间关系的设定。

3．删除表之间的关系

在执行删除表之间的关系操作之前，请先关闭所有已打开的表。

删除表之间的关系的操作步骤如下。

1）单击工具栏上的"关系"按钮。

2）单击所要删除关系的关系连线（当选中时，关系连线会变成粗黑状），然后按<Delete>键。

4．编辑表之间的关系

编辑表之间的关系的操作步骤如下。

1）单击工具栏上的"关系"按钮，弹出"关系"窗口，如图4-29所示。

2）单击要编辑的关系连线。

3）选择要编辑的关系连线并单击鼠标右键，在图4-29中出现快捷菜单。

4）选择"编辑关系"命令，出现"编辑关系"对话框，如图4-30所示。

5）选择相关的选项，单击"确定"按钮。

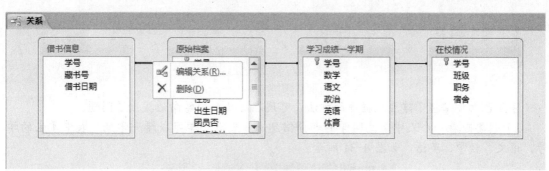

图 4-29　"关系"窗口

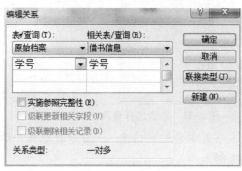

图 4-30　"编辑关系"对话框

我来试一试

1）打开"学生管理"文件夹下的"学生管理"数据库。

2）针对"学生管理"数据库中的各表，建立相应的关系。

我来归纳

以上围绕表的基本操作，演示讲解了打开、关闭表的方法；添加、删除、修改记录；在设计视图中设置常用属性，例如，设置字段默认值、字段输入掩码、字段的输入规则等；针对多表建立关系。同学们和豆子的想法一样，都觉得内容一时难以消化。不用着急，只要多做几遍练习，相信大家都能熟练掌握。看到自己创建的"学生管理"数据库，是不是很满意？

同学提问我回答——数据查询

【教学指导】

由任务引入，演示讲解 Access 中查询的含义、查询的类型、查询的创建使用，为学好 Access 打下良好的基础。

办公软件实训教程

【学习指导】

任务

豆子已初步掌握了建立数据库的方法，可现在有几个同学向他提出了问题。

1）想要查看一个表中某些同学的部分信息——查看"学习成绩一学期"表中学生的学号、语文、数学、英语，如图4-31所示。

学号	数学	语文	英语
1104101	80	88	87
1104102	86	75	73
1104103	83	80	85
1106101	95	93	98
1106102	70	86	87
1106103	85	88	92
1108101	96	98	99
1108102	80	78	70
1108103	100	66	95

图4-31　单表选择查询的数据表视图

2）想查看某个同学在多个表中的相关信息——查看数据库中学生的姓名、班级、职务、奖惩情况、总分，如图4-32所示。

姓名	班级	职务	奖惩情况	总分
王华	1104	团支书	省三好	420
李育	1104	学生	三好	402
赵依依	1104	学生		418
张浩	1106	班长	市三好	463
孟繁光	1106	学生		397
林雨雁	1106	宣传委员		447
刘玉	1108	学习委员		476
王菲菲	1108	学生		384
孙冰	1108	学生		411

图4-32　多表查询的数据表视图

3）查看满足某些条件的信息——只想看看1108班总分超过350分学生的情况，如图4-33所示。

姓名	班级	职务	奖惩情况	总分
刘玉	1108	学习委员		476
王菲菲	1108	学生		384
孙冰	1108	学生		411

图4-33　按条件查询

知识点

一、查询简介

1. 概念

在使用表存储数据时都有侧重点，通过它们的名字就可以看出这个表是用来做什么的，

188

这样很容易就可以知道哪些表中存储有什么数据内容。所以在建立表的时候，首先想的就是要把同一类的数据放在一个表中，然后给这个表取个一目了然的名字，这样管理起来会方便得多。但是另一方面，在实际工作中使用数据库中的数据时，并不是简单地使用这个表或那个表中的数据，而常常是将有"关系"的很多表中的数据一起调出使用，有时还要把这些数据进行一定的计算以后才能使用。如果再建立一个新表，则把要用到的数据复制到新表中，并把需要计算的数据都计算好，再填入新表中，就太麻烦了，也违背了关系数据库设计的概念。用"查询"对象可以很轻松地解决这个问题。

所谓"查询"就是指从表中获取有用的数据。存储的数据见表 4-12，可以按照如下方式查看数据。

1）每次只查看某些字段。

2）每次只查看某些记录。

3）用计算字段查看。

4）以任一字段升序或降序排列查看。

表 4-12　原始档案表

学　　号	姓　　名	相　片	性　　别	出生日期	团员否	家庭住址	电　话	奖惩情况
1104101	王华		女	90/02/01	是	吉林北安小区	6457889	省"三好"
1104102	李育		男	90/08/06	否	吉林松北二区	8765342	三好
1104103	赵依依		女	90/09/12	是	吉林丰满区	7634521	
1106101	张浩		男	90/11/21	是	吉林蛟河	6984322	市"三好"
1106102	孟繁光		男	89/12/03	是	吉林桦甸	6832456	
1106103	林雨雁		女	90/07/12	是	吉林龙潭	9872343	
1108101	刘玉		女	91/01/12	否	长春庆丰	8745321	
1108102	王菲菲		女	89/08/23	是	吉林口前	7345621	
1108103	孙淼		男	91/03/10	是	吉林欢喜	6789345	
……	……	……	……	……	……	……	……	……

2．创建查询的方法和查询的类型

1）在 Access 中可以使用以下方法创建查询：设计视图、创建查询向导或简单查询向导、SQL 语句。

2）查询类型：选择查询、生成表查询、追加查询、更新查询、交叉表查询、删除查询、联合查询、传递查询。

二、创建新查询

通常情况下，若不指定查询的种类，一般都是建立选择查询。顾名思义，选择查询就是从一个或多个有关系的表中将满足要求的数据提取出来，并把这些数据显示在新的查询数据表中。这种查询很好学，而且用得也很普遍，很多数据库查询功能都可以用它来实现。

解决问题一　操作如下

1）打开"创建"选项卡，单击"查询设计"按钮 ，屏幕上出现"查询"窗口，它的上面还有一个"显示表"对话框，如图 4-34 所示。

2）单击"显示表"对话框上的"两者都有"选项卡，在列表框中选择需要的表或查询（"表"选项卡中只列出了所有的表，"查询"选项卡中只列出了所有的查询，而选择"两者都有"就可以把数据库中所有"表"和"查询"对象都显示出来，这样有助于从选择的表或查询中选取新建查询的字段）。

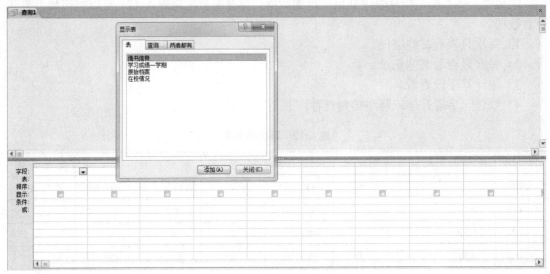

图 4-34　在查询设计视图中添加表

3）单击所需要的表"学习成绩一学期"，然后单击对话框上的"添加"按钮，这个表的字段列表就会出现在查询窗口中。

4）添加完提供原始数据的表后，就可以关闭"显示表"窗口，回到"查询窗口"中准备建立"查询"。

5）将表中所要提取的字段双击或拖移到下面窗口中，此时出现如图 4-35 所示的查询窗口。

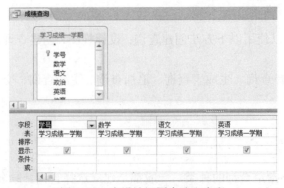

图 4-35　在设计视图中选取字段

6）单击"查询工具设计"选项卡中"结果"选项组中的"运行"按钮，如图 4-36

所示。

图 4-36 "运行"按钮

7）出现如图 4-31 所示的窗口，用以显示查询结果。

该查询的 SQL 视图可以通过如图 4-37 所示的菜单的方式进行转换。

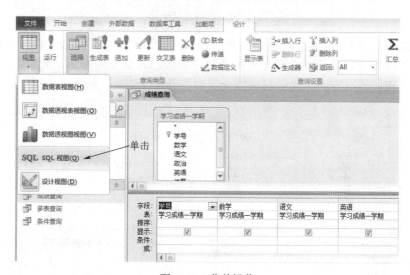

图 4-37 菜单操作

对于创建的每个查询，Access 都会将其转变为 SQL 语句。该语句可在 SQL 视图中查看，如图 4-38 所示。

精通 Access SQL 的用户可以直接在此视图中创建查询，但是新用户和非专业人员通常使用设计视图。

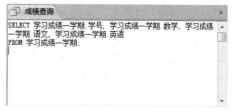

图 4-38 查询的 SQL 视图

8）保存该查询名为"成绩查询"。

注意：查询的主要目的是从表中选出所需的记录，所以建立一个查询前，请理清数据的来源和需要的字段等信息。

解决问题二　操作如下

1）打开查询设计视图，从"显示表"窗口中添加"原始档案""在校情况"和"学习成绩一学期" 3 个表。

2）此时将出现如图 4-39 所示的查询设计视图。

图 4-39　查询设计视图

3）在单击鼠标的同时拖移"原始档案"表的"学号"字段，并将其放在"在校情况"表的"学号"字段上，从而建立两个表的连接（各表已建立完关系后，此步可省略），用同样的方法为"在校情况"表与"学习成绩一学期"表建立连接，如图 4-40 所示。

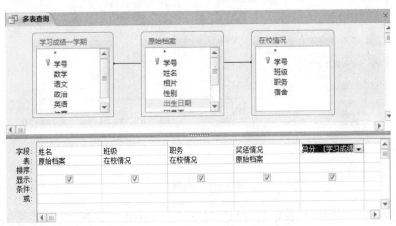

图 4-40　建立连接后的查询设计视图

4）添加需要的字段，即"姓名""班级""职务""奖惩情况""总分"。"总分"字段是各个表中都不存在的字段，是通过计算得来的，这种字段称为计算字段。

在写计算表达式的时候必须注意它的格式，首先是字段名称，接着是"："（注意这个冒号一定是英文输入法下的冒号），然后是表达式的右边部分，在用到本查询中的目标字段时，必须将字段名用方括号括起来，在字段名前面加上"[所用表的表名]！"符号来表示它是哪个表中的字段，如图 4-41 所示。

总分:[学习成绩一学期]![数学]+[学习成绩一学期]![语文]+[学习成绩一学期]![政治]+[学习成绩一学期]![英语]+[学习成绩一学期]![体育]

图 4-41　多表查询的计算字段

5）单击"保存"按钮，命名为"多表查询"即可。

6）在查询窗口中选定该查询并单击"打开"按钮，即可查看多表查询内容，如图 4-32 所示。

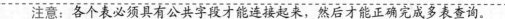

注意：各个表必须具有公共字段才能连接起来，然后才能正确完成多表查询。

解决问题三　为查询添加选择条件

多表查询已经建立起来了，但如果只想看看 1108 班总分超过 350 分学生的情况，那么该怎么办呢？其实只需要在这个查询中为相应字段添加一个条件就可以解决这个问题，这个查询的数据表中就只有 1108 班总分超过 350 分学生的情况了，如图 4-42 所示。

字段:	姓名	班级	职务	奖惩情况	总分
表:	多表查询	多表查询	多表查询	多表查询	多表查询
排序:					
显示:	✓	✓	✓	✓	✓
条件:		"1108"			>=350
或:					

图 4-42　多表查询的条件设置

操作步骤

1）打开本篇案例 2 的多表查询设计视图，如图 4-43 所示，找到指定字段就可以添加条件。

图 4-43　多表查询设计视图

2）在"总分"字段的"条件"属性中填入">350"，然后在"班级"字段的"条件"属性中填入"1108"（这里使用的双引号一定是英文输入法下的双引号），单击"运行"按钮，即可出现如图 4-43 所示的查询了。

备注："="">""<""<>"这 4 个符号分别表示"等于""大于""小于""不等于"，它们都是用来判断某个条件是否满足。例如，"=34"表示当某个值等于 34 时才算满足这个条件。"<>"北京""表示当某个值不等于字符串""北京""时才算满足了条件。"<#2010-01-01#"表示的某个日期在 2010 年 1 月 1 日以前才算是满足条件。

"And""Or""Not"这 3 个逻辑运算符是用来连接条件表达式的。例如：">100 And<300"表示只有某个值大于 100 并且小于 300 时才算条件满足；">100 Or<300"表示这个值要大于 100 或者小于 300，实际上就是任何数都满足这个条件；"Not>100"表示只要这个值不大于 100，条件就算满足了。

还有一个"Like",这个符号又怎么用呢?这个符号通常用在对一个字符型的值进行逻辑判断,是否这个值满足某种格式类型。所以通常"Like"并不单独使用,还要跟一些别的符号:"?"表示任何单一字符;"*"表示零个或多个字符;"#"表示任何一个数字。一起看几个例子:Like"中国?"(Like 后面的字串所使用的双引号一定是英文输入法下的双引号),则字符串"中国人""中国字"都满足这个条件;Like "中国*",则字符串"中国""中国人""中国人民银行"都满足这个条件;Like "表#",则字符串"表1""表2"都满足这个条件。

> 注意:向查询里添加条件,有两个问题应该考虑,首先是为哪个字段添加"条件",其次是要在这个字段添加什么样的"条件"。

我来试一试

使用前面已创建的"原始档案""在校情况""借书信息"表,建立带条件的多表查询。

查询学号以"1106"开头且在 2011 年 3 月 1 日之后的学生的姓名、职务、借书日期、藏书号及电话号码。查询结果如图 4-44 所示。

图 4-44　练习多表查询

提示:使用多个表创建查询,必须先建立关系或先建立连接。

我来归纳

查询就是要获得某些信息的请求,提出的何种请求可能因人而异。建立查询是数据库操作必不可少的,而且好的查询会尽量避免数据"冗余"。

同学信息我美化——窗体应用

【教学指导】

由任务引入,演示讲解 Access 中窗体的意义、组成、创建、修改,为制作良好的用户界面打基础。

【学习指导】

任务

豆子已经初步掌握了对数据库的基本操作，录入数据、查询数据等。但是经常面对一种单一的表格有些乏味。能不能换种方式对数据库进行操作呢？继续学习就可以达到目的。

知识点

窗体的意义：由于很多数据库都不是给创建者自己使用的，所以还要考虑到其他使用者的使用方便，建立一个友好的使用界面将会给他们带来很大的便利，让更多的使用者都能根据窗口中的提示完成自己的工作，而不用专门进行培训。这是建立一个窗体的基本目标。"窗体"是一种数据库对象，主要用来输入和显示数据库中的数据。

一、认识窗体的各个部分

窗体是由各种部件组成的，如图 4-45 所示。

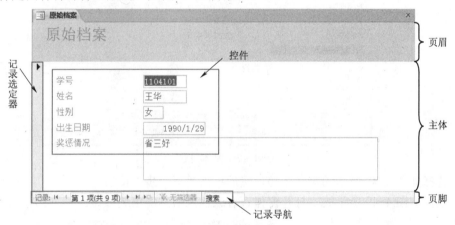

图 4-45　窗体组成

主体：用于在窗体中放置各种控件。

页眉：用于显示窗体的标题。

页脚：用于显示机构的详细信息。

记录选定器：此部分用于选择整条记录。

控件：窗体中包含的根据需要放在一起的不同的组件，称为"控件"。

常用的控件有：

1）标签：是用于在窗体中放置文本的组件，如学号、姓名等。

2）文本框：是用于接受用户输入信息的组件，也称为"输入框"，如 1104101、王华等。

3）按钮：用户单击一个按钮，表示要执行该操作。

4）列表框：用于表示可用选项列表。

5）组合框：是列表框与文本框的组合。

6）单选按钮：让用户只能从多个选项中选择其中一个。

7）复选按钮：可以从指定的多个选项中选取多个选项。

二、使用向导创建窗体

通过"使用窗体向导"，创建窗体就变得很简单。

1）打开"学生管理库"。

2）单击"创建"选项卡中"窗体"选项组中的"窗体向导"按钮，如图 4-46 所示。

图 4-46　"创建"选项卡

3）选择要作为记录源的表或查询名称，如图 4-47 所示。

4）使用字段移动按钮，从"可用字段"列表框中选择字段，单击"下一步"按钮。

图 4-47　窗体向导

5）选择如图 4-48 所示的窗体布局，然后单击"下一步"按钮。

6）选择如图 4-49 所示的"打开窗体查看或输入信息"单选按钮。

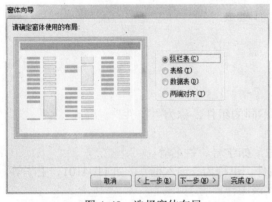

图 4-48　选择窗体布局

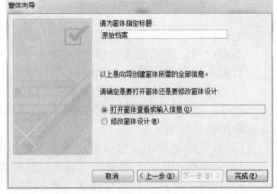

图 4-49　为窗体指定标题

7）单击"完成"按钮。

8）该窗体将以"窗体视图"打开，如图 4-45 所示。

9）注意在创建以后别忘了保存这个窗体，单击"保存"按钮。

三、修改数据窗体

打开创建的窗体，在"开始"选项卡中单击"视图"按钮，选择"设计视图"单击，则切换到窗体设计模式，如图 4-50 所示。

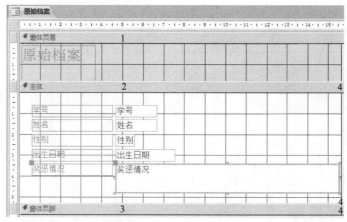

图 4-50　窗体的设计视图

1．修改窗体区域

1）鼠标放在标号为 1 的点时，指针变成⬍，上下拖移鼠标可以改变页眉区域的大小。

2）鼠标放在标号为 2 的点时，指针变成⬍，上下拖移鼠标可以改变主体区域的大小。

3）鼠标放在标号为 3 的点时，指针变成⬍，上下拖移鼠标可以改变页脚区域的大小。

4）鼠标放在标号为 4 的点时，指针变成✥，上下或左右拖移鼠标可以改变主体（页眉或页脚）区域的大小。

2．网格和标尺

这个视图中有很多的网格线，还有标尺，都是为了在窗体中放置各种控件而用来定位的。将鼠标移动到窗体设计视图中窗体主体标签上，单击鼠标右键。这时可以看见在弹出的菜单上有"标尺"和"网格"两个选项，并且在这两个选项的前面各有一个图标，如图 4-51 所示。现在这两个图标颜色都是加深的，这表示两个选项都被选中，将鼠标移动到"标尺"项上，单击鼠标左键就可以将标尺隐藏起来。这时再单击鼠标右键就会发现在"标尺"前面的图标变为白色。如果再单击这个图标，则会发现标尺又出现了。

图 4-51　右键快捷菜单

3．编辑控件

在 Access 中，窗体上各个控件都可以随意地摆放，而且窗口的大小、文字的颜色也可以很容易地改变。

（1）移动控件

单击一个控件，然后按住键盘上的<Shift>键，并且继续用鼠标单击其他控件，选中所有控件以后，等鼠标的光标变成一个张开的手的形状时，即可移动。完成这些以后，松开鼠标左键就可以了。

（2）添加控件

单击工具箱中的"标签"按钮 **Aa**，然后在页眉里空出来的位置上单击鼠标左键，会出现一个标签。在标签中输入"学生信息"4 个字，一个标签就插入到窗体中了，如图 4-52 所示。

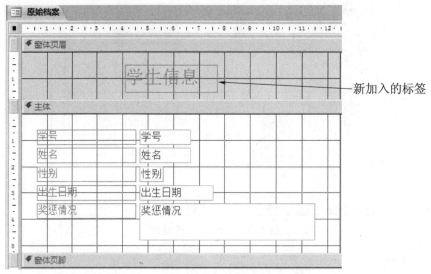

图 4-52 在窗体设计视图中添加标签控件

（3）改变标签的大小和颜色

1）单击这个标签的边缘，就出现了一个黑色的边框，在边框上还有 8 个黑色的小方块，这就表示这个控件标签已经被选中了。在 Access 窗体设计工具中选择"格式"选项卡，如图 4-53 所示，可对标签格式进行设置。

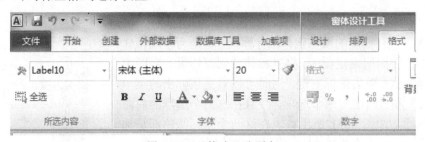

图 4-53 "格式"选项卡

这个选项卡是用来定义标签控件中文字的属性的，作用就相当于在 Word 中用来编辑文字的对齐方式和字体大小、颜色等属性的工具框。

2）将鼠标移动到工具栏上字体的下拉框上，单击右边的按钮，在这个下拉菜单中选择"隶书"，并且在右面的用来定义字体大小的下拉框中选择 24 号字，然后再单击字体前景色按钮右边的向下箭头 **A·**，在弹出的颜色对话框中选择需要的颜色。

3）现在标题已经和刚才不一样了。但是现在的字太大，原来的标签框已经装不下了，需要再调整一下这个标签的大小。单击这个标签的边缘，出现了一圈边框，将鼠标移动到这圈边框下部中间的控点上，鼠标光标变成一个上下指向的双箭头符号 ↕，就可以调整这个标签的高度。这种方法可以调整 Access 中所有窗体控件的高度。

如果想确定一个精确的标签大小，只需要在这个标签的属性中修改它的宽度和高度值即可。首先将这个标签选中，然后单击"属性表"按钮 ，出现"属性表"对话框，如图 4-54 所示。

在这个对话框中找到"宽度"和"高度"项，在它们右面的文本框中输入相应的数值即可。此处所有数值都是以厘米为单位的，同时可以修改其他属性。

4）移动标签的位置。选中这个标签，当它四周出现加深边框的时候，将鼠标移动到边框的边沿，这时的鼠标光标会变成 形状，按住鼠标左键就可以任意拖动标签了。这个过程实际上和刚才将窗体上的控件向下拖动是一样的。

5）窗体中的控件与字段列表中的字段建立联系。

要想将窗体中的控件和字段列表中的字段建立联系，首先要打开控件的属性。如果这个属性对话框还没有出现，则单击"属性表"按钮，这时可以看到出现了一个有选项卡的对话框。选中窗体中的控件，然后单击这个选项卡上的"数据"项，在该列表框的第一行"控件来源"提示后面的文本框中单击一下，在出现的下拉按钮上单击鼠标左键，并在弹出的下拉菜单中选择一个字段即可，如图 4-55 所示。这样，就在这个控件和字段列表之间的字段建立了联系。

4．在窗体中画线

想在窗体上添加一条直线是很容易的。在"设计"选项卡中有一个直线按钮 ，将鼠标移动到上面，显示出关于"直线"的提示。现在就使用这个控件在窗体上画一条直线。和刚才在窗体上插入标签一样，先要将鼠标移动到工具栏的直线按钮上，单击鼠标左键，这时直线按钮颜色加深，将鼠标移动到窗体上，单击鼠标左键，给出所画直线的起点，按住<Shift>键拖动鼠标到一定的位置，这样一条直线就画好了，还可以通过该控件的属性修改直线的颜色、粗细等外观。修改后的窗体如图 4-56 所示。

图 4-54　"属性表"对话框

图 4-55　设置"控件来源"

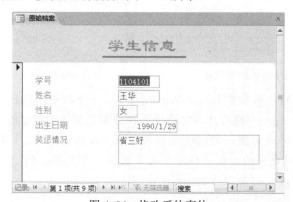

图 4-56　修改后的窗体

5．在窗体上添加按钮

窗体中可以添加一些按钮，只要单击这些按钮就可以让 Access 自动执行一些功能。

要在窗体上添加一个"退出"按钮，一个"全部信息"按钮。单击"退出"按钮可以在使用完这个数据库后退出这个窗体；单击"全部信息"按钮则可以打开"学生档案窗体"。

1）首先单击工具箱上的"按钮"图标 ▧▧▧，然后在窗体页脚区域的位置处单击鼠标左键，这样一个按钮就出现在窗体上了。

2）这时在屏幕上还会弹出一个"命令按钮向导"对话框，如图 4-57 所示。

3）从"类别"中选择"记录导航"，从"操作"中选择"转至下一项记录"。

4）单击"下一步"按钮。

5）选择"文本"或"图片"作为按钮的标题，如图 4-58 所示。

图 4-57　"命令按钮向导"对话框

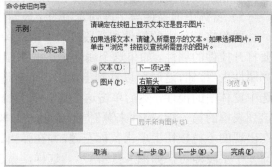

图 4-58　为命令按钮选择标题

6）单击"下一步"按钮，为命令按钮指定名称，如图 4-59 所示。

7）单击"完成"按钮。

8）将按钮拖放到窗体页脚区域合适的位置。

9）打开"窗体视图"，然后单击该按钮，即可转至下一项记录，如图 4-60 所示。

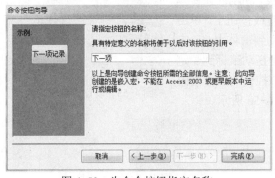

图 4-59　为命令按钮指定名称

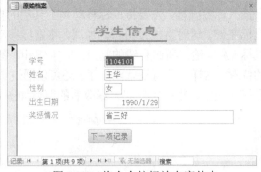

图 4-60　将命令按钮放在窗体中

注意：按钮向导的作用非常大，在 Windows 中，一个按钮所能进行的工作都需要编写一定的程序，而对于 Access 的用户，它的很多操作都是固定的。这个"按钮命令向导"就是这样一个能非常简单地实现一定功能操作的向导，省去了编写"VBA"程序的麻烦。虽然使用 VBA 可以实现更多的功能，但对于大多数用户却是不必的。

6．为窗体添加背景、测试并保存窗体

1）将窗体切换到设计视图，然后在这个视图上单击非窗体的部分，这时在属性对话框中选择"格式"选项卡，并在"图片"提示项的右边输入要选择的图片文件名，单击这个文本框，会在它的右面出现一个"…"按钮，选择使用的图片，如图 4-61 所示。

2）选择图片后，在属性表中设置图片是否平铺、图片对齐方式，如图 4-61 所示。打开窗体，如图 4-62 所示。

图 4-61　"格式"选项卡

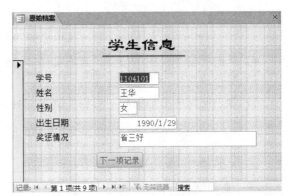

图 4-62　加背景后的窗体设计视图

四、在设计视图中创建窗体

要在设计视图中创建窗体，可以执行下列步骤。

1）打开"学生管理"库，单击"创建"选项卡中"窗体"选项组中的"窗体设计"按钮。

2）在"属性表"中选择"数据"选项卡，然后选择"记录源"为"多表查询"，如图 4-63 所示。

图 4-63　多表查询窗体的设计视图

3）要在窗体中添加字段，可以单击"添加现有字段"按钮。选择"字段列表"中的字段名称，然后逐一将它们拖到窗体中，如图4-64所示。

图4-64　添加字段

4）单击"窗体视图"按钮，查看如图4-65所示的窗体。

5）保存该窗体为"查询窗体"。

6）为了使窗体更加美观，可以切换至设计视图，在控件属性中作修改。

 我来试一试

将"查询窗体"改成如图4-66所示的样式。

提示：可以使用窗体向导创建，可以单击"窗体设计工具格式"选项卡中"控件格式"选项组中的"形状轮廓"按钮修改边框颜色，如图4-67所示。

图4-65　多表查询窗体的窗体视图

图4-66　美化后的窗体

图4-67　"窗体设计工具格式"选项卡

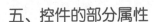
五、控件的部分属性

每个控件都有自己的属性，有些属性是比较重要的。

标题：所有的窗体和标志控件都有一个标题属性。当作为一个窗体的属性时，标题属性定义了窗口标题栏中的内容。如果标题属性为空，则窗口标题栏显示窗体中字段所在表格的名称。当作为一个控件的属性时，标题属性定义了在标志控件时的文字内容。

控件提示文本：该属性可以使得窗体的用户在将鼠标放在一个对象上后就会有一段提示文本显示。

控件来源：在一个独立的控件中，"控件来源"属性告诉系统如何检索或保存在窗体中要显示的数据。如果一个控件是要更新数据，则可以将该属性设置为字段名。

计算：如果该属性含有一个计算表达式，那么这个控件会显示计算的结果。在控件来源属性中含有一个计算表达式的控件称为计算控件。在一个计算控件中显示的值不能被直接改变。

是否锁定：这个属性决定一个控件中的数据是否能够被改变。如果设置为"是"，则该控件中的数据被锁定且不能被改变。如果一个控件处于锁定状态，则在窗体中呈灰色显示。

背景色：此属性用于设置窗体的控件和不同部分的背景色。

特殊效果：可用于为控件指定三维外观。

前景色：修改控件的前景色。

字体大小：修改控件的字体大小。

可见性：用于显示或隐藏控件。

我来归纳

窗体可用于美化用户操作界面，增强视觉效果。但主要目的是通过它维护数据记录。初学者可以使用创建窗体向导来创建窗体。

同学信息我公布——报表应用

【教学指导】

由任务引入，演示讲解 Access 中报表的含义，报表的创建及使用，为打印输出作准备。

【学习指导】

任务

豆子经过一段时间的学习和不懈努力，初步完成了数据库的设计。用窗体显示数据虽然很好，但有时要把这些数据打印在纸上，那该怎么办呢？办法很简单，在 Access 中有一个"报表"对象，这个对象就可以帮助你实现将数据打印在纸上。

知识点

就操作的程序及方法而言，报表和窗体几乎一样，但其中还是有区别，主要来自于两者当初的设计理念。报表是打印数据的专门工具，打印前可事先排序与分组数据，但无法在报表窗口模式中更改数据，无法与用户交互；窗体恰好相反，除了美化输入界面外，主要目的就是通过它维护数据记录，二者相辅相成。

一、使用自动报表建立报表

自动报表是创建报表最快速、最简单的方法之一。

打开学生管理数据库，在 Access 对象列表中选择要创建报表的表或查询，单击"创建"选项卡中"报表"选项组中的"报表"按钮，可自动创建报表，如图 4-68 所示。

图 4-68　自动创建报表

二、使用报表向导建立报表

报表向导比自动报表更灵活。

1）在"创建"选项卡中"报表"选项组中单击"报表向导"按钮，这时会弹出"报表向导"对话框，如图 4-69 所示。这个对话框中要求确定报表的数据来源，这和使用"查询向导"和"窗体向导"差不多。

2）在"表/查询"下拉列表框中选择相应的表"多表查询"。左边的"可用字段"列表框中有了几个字段，选择要将哪些字段放到"报表"中，如图 4-70 所示，单击"下一步"按钮。

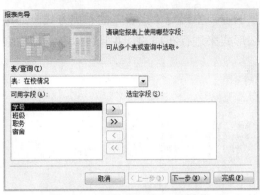

图 4-69　"报表向导"对话框

图 4-70　选择报表字段

3）在这一步中，系统询问是否要对"报表"添加分组级别，如图 4-71 所示，按班级进行分组，也可以不分（这个分组级别就是"报表"在打印的时候，各个字段是否是按照阶梯的方式排列，如图 4-72 所示。分几组，就有几级台阶）。

图 4-71　对报表数组分组

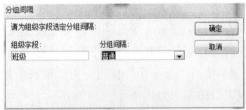

图 4-72　分组间隔

当"报表"有多组分组级别时，可以使用两个优先级按钮来调整各个分组级别间的优先关系，排在最上面的级别最高。单击"分组选项"按钮，会弹出一个对话框，如图 4-72 所示。在这个对话框中可以调整组级字段的分组间隔。如果不想在"报表"中分组，则只要将这个组级字段取消就可以了。

4）单击"下一步"按钮。在如图 4-73 所示的窗口中可以指定报表中数据的排列顺序，即确定"报表"中各条记录按照什么顺序由上至下排列。对于这个数据库，用姓名这个字段进行排序已经可以了，也可以使用第二级的排序。

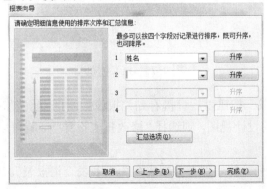

图 4-73　选择排序次序

205

5）单击"下一步"按钮。在如图 4-74 所示的窗口中确定"报表"的布局方式。通过选择"布局"中的方式，可以确定数据是按照什么形式来进行布局的，并且可以在对话框右侧的视图中看到选择的布局形式。

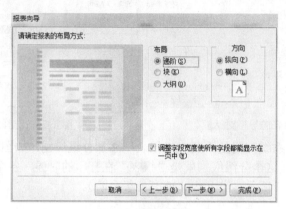

图 4-74 选择报表布局

如果"多表查询"中的信息过长，使用纵向打印不能完全打印，则可以将纸横向打印，即将方向选项选为"横向"。

在窗口中还有一个选项"调整字段宽度使所有字段都能显示在一页中"，为了保证将记录中的每行都打印在一行而不换行，这项通常都是选中的。

6）单击"下一步"按钮，为"报表"指定标题，如图 4-75 所示，这个标题将会打印在"报表"的左上角。

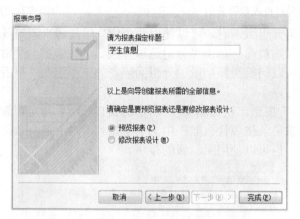

图 4-75 报表标题

如果想在单击"完成"按钮以后直接看到"报表"的打印预览，则选择"预览报表"；如果想先看到"报表"的设计视图，则选择"修改报表设计"，就可以在设计视图中修改"报表"了。

7）单击"完成"按钮，然后保存该报表名为"多表查询报表"。报表输出结果如图 4-76 所示。

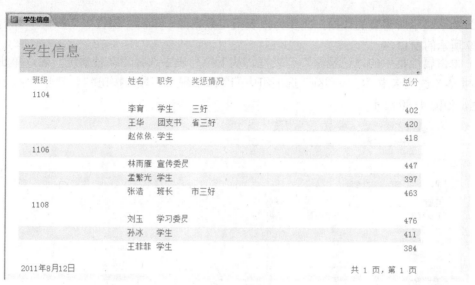

图 4-76　报表输出结果

三、使用设计视图创建报表

在设计视图中也可以创建报表，方法同创建窗体。

1）打开数据库"学生管理.accdb"。选择"创建"选项卡，单击"报表"选项组中的"报表设计"按钮 ，即可在设计窗口中创建报表，如图 4-77 所示。

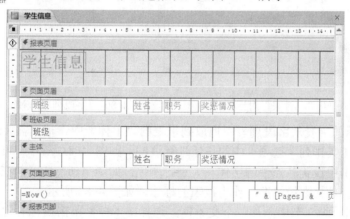

图 4-77　报表设计视图

2）使用"报表设计工具设计"选项卡中的各种控件，将控件拖放到报表中，就像在窗体中放置控件一样，可以自由设计报表，如图 4-78 所示。

图 4-78　"报表设计工具设计"选项卡

207

3）为了显示所需要的数据，需要为报表指定数据源。单击"属性表"按钮，打开如图 4-79 所示的窗口。

4）单击属性框中的"记录源"列表框，从下拉列表中选择"在校情况"表，单击"表工具数据表"选项卡中"字段和列"选项组中的"添加现有字段"按钮，打开"字段列表"对话框，如图 4-80 所示。

图 4-79 "属性表"对话框

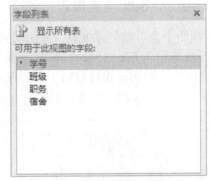

图 4-80 "字段列表"对话框

5）将要显示的字段从字段列表中拖放到报表的"主体"中，根据需要进行放置，可以根据"报表设计工具排列"选项卡中的按钮进行调整，如图 4-81 所示。可以在"报表设计工具格式"选项卡中设置各控件的字体、大小、颜色，如图 4-82 所示。在"页面页眉"节中添加一个标签控件"在校情况"作为报表的标题，如图 4-83 所示。

6）在"页面页脚"节中添加一个文本框。选择文本框并单击鼠标右键，从弹出的快捷菜单中选择"属性"菜单项。在文本框属性框中，选择"数据"选项卡，然后将"控件来源"属性指定为"=Now()"，该函数可以将当前日期和时间显示在报表的页面页脚中（可以在文本框中直接输入"=Now()"），报表设计视图如图 4-84 所示。

图 4-81 "报表设计工具排列"选项卡

图 4-82 "报表设计工具格式"选项卡

图 4-83 页面页眉

图 4-84 页面页脚

7）保存此报表，名称为"在校情况"。

8）选择"文件"选项卡，单击"打印"按钮，如图 4-85 所示。单击"打印预览"按钮，显示此报表的输出结果。

图 4-85 打印页面

209

四、打印报表

1．打印预览

报表实现了将数据打印在纸上的功能。在打印之前，先要看看在 Access 中是怎么设置打印纸的页面情况的。选择"文件"选项卡，单击"打印"按钮，选择"打印预览"，出现"打印预览"选项卡，如图 4-86 所示。在这个选项卡中可以对要打印的报表进行页面设置。

图 4-86　页面设置

现在可以设置打印纸的一些属性。单击"页面布局"选项组中的"页面设置"按钮，弹出如图 4-87 所示的对话框，"打印选项"选项卡中的页边距是打印纸上四周需要空出来的位置。"页"选项卡中，打印方向是指设置打印的内容是横着还是竖着打印出来，而打印纸就是指打印时要用到几号纸。"列"选项卡中，可以建立多列"报表"，可以在"列数"对应的文本框中输入将把页面分成几列，并且通过"列间距"改变列之间的距离，使用列尺寸中的宽度和高度文本框输入数字的方法来定义列的尺寸，而且可以通过列布局中的两个选项来确定在打印纸上打印出来的一组数据是按照什么样的布局方式进行放置的。

图 4-87　"页面设置"对话框

当把这些都设置好了以后，就可以开始打印了。单击"文件"选项卡中的"打印"按钮，出现"打印"对话框，在这个对话框中选定"打印机"选项中的型号，然后在"打印范围"选项中指定打印所有页或者确定打印页的范围，在"份数"选项中指定打印的份数和是否需要对其进行分页。最后单击"确定"按钮，就可以打印出来了。

2．打印报表

"报表"就是用来打印在纸上的，那现在怎样才能将这些"报表"打印出来呢？在预览"报表"的时候，在工具栏靠左的位置上可以看到一个"打印"按钮，只要单击这个按钮就可以将"报表"打印出来了。

我来试一试

修改"多表查询"报表为如图 4-88 所示的样式。

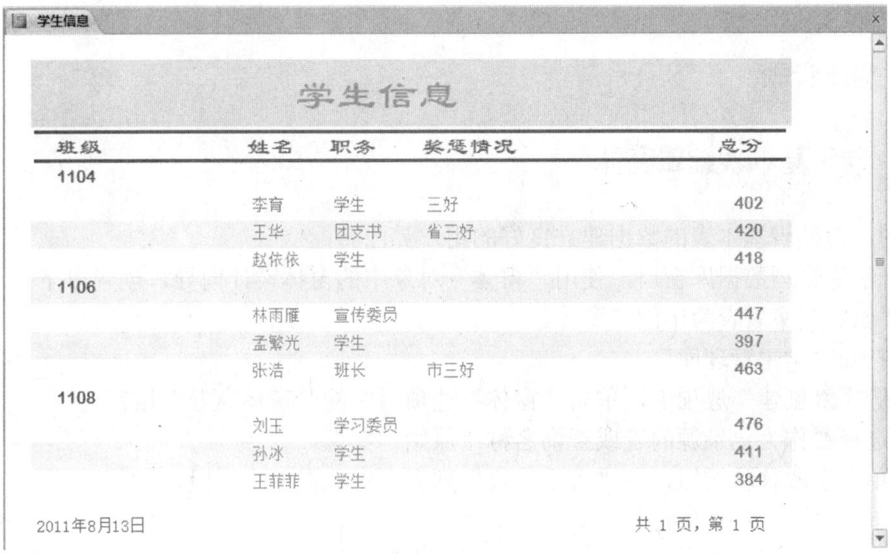

图 4-88 美化后并输出的报表

我来归纳

Access 2010 报表可以改善数据的呈现方式，满足不同用户的需要，在设计报表方面也提供了极大的灵活性。如果只是呈现数据给用户，则报表是一种比查询更好的方式。

案例 6 Access 综合练习

【教学指导】

由任务引入，归纳总结前面所学的知识，并创建一个简单完整的小型数据库管理系统——学生管理系统。

【学习指导】

 任务

豆子已经初步掌握了数据库的基本操作，可是如何能把自己所学的知识综合到一起呢？

接下来我们就和豆子一起创建一个简单的数据库管理系统——学生管理系统。

本系统需要使用4个基本表、7个窗体、1个多表查询、1个多表报表、1个宏，其中需要的4个基本表、1个多表查询、1个多表报表还有1个多表查询的窗体，可以使用前面已创建过的内容，但多表查询窗体需要稍作改动。

操作步骤

一、创建基本表编辑窗体

目的：为编辑基本表的数据建立良好的用户界面。

打开学生管理数据库窗口，使用"窗体"对象中的窗体设计向导，创建以下几个窗体，首先以"原始档案"表为例创建窗体。

1）打开"学生管理库"。

2）选择"创建"选项卡，单击"窗体"选项组中的"窗体向导"按钮。

3）选择要作为记录源的表或查询名称"原始档案"。

4）单击字段移动按钮，从"可用字段"列表框中选择所有字段。

5）单击"下一步"按钮。

6）选择纵栏表式的窗体布局，单击"下一步"按钮。

7）为窗体指定标题为"原始档案"，如图4-89所示。

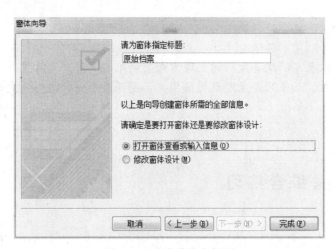

图4-89　为窗体指定标题

8）单击"完成"按钮。

9）该窗体将以"窗体视图"打开，如图4-90所示。

10）单击"视图"按钮转到设计视图，使用前面介绍的方法修改窗体外观，如图 4-91 所示。

11）单击"报表设计工具设计"选项卡中的按钮控件，然后在窗体的下方拖动，将出现"命令按钮向导"对话框，如图4-92所示。

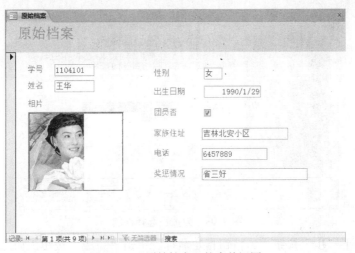

图 4-90　"原始档案"的窗体视图

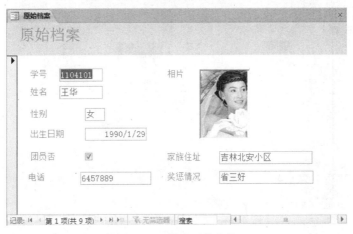

图 4-91　修改后的窗体

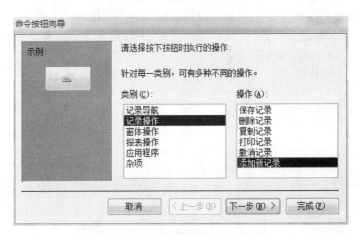

图 4-92　"命令按钮向导"对话框

12）在"类别"中选择"记录操作"。选择"添加新记录"作为操作，单击"下一步"按钮。如图 4-93 所示，选择"文本"作为按钮的标题。

213

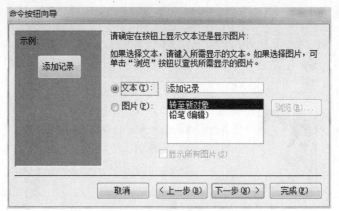

图 4-93 为按钮选择标题

13）单击"下一步"按钮，为按钮指定名称。单击"完成"按钮，如图 4-94 所示。

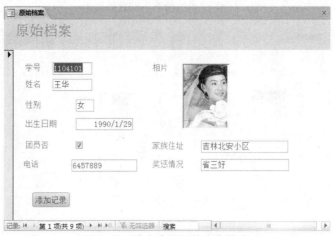

图 4-94 将命令按钮放在窗体中

14）使用同样的方法添加"删除记录"按钮和"保存记录"按钮。

15）使用按钮向导添加一个类别为"窗体操作"的"关闭窗体"操作按钮，标题为"关闭窗体"（也可以定义标题为"返回"或"退出"），完成后关闭该窗体，如图 4-95 所示。

图 4-95 命令按钮被放在窗体中

16）注意在创建以后要保存这个窗体，单击"文件"，在弹出的子菜单中选择"保存"命令，窗体名称为"原始档案"。

使用同样的方法分别为"学习成绩一学期"表、"借书信息"表、"在校情况"表建立交互界面——窗体。

二、修改多表查询窗体

在该窗体中可以查看借书信息，并可以预览多表查询报表（修改任何一个基本表窗体中的数据，都可以改变多表查询窗体和报表中的内容。修改某一学号的数学成绩为 100，查看多表查询中的总分及报表中的内容，观察其变化并说明原因）。

1）打开"多表查询"窗体，然后转到设计视图，如图 4-96 所示。

图 4-96 多表查询窗体设计视图

2）选择"窗体设计工具设计"选项卡中"控件"选项组中的"列表框"按钮，如图 4-97 所示，并在窗体中单击。

图 4-97 "窗体设计工具设计"选项卡

3）出现如图 4-98 所示的"列表框向导"对话框，单击"下一步"按钮。

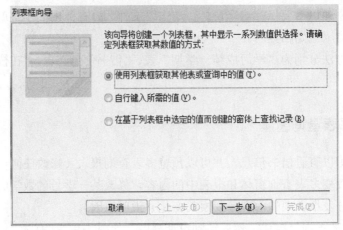

图 4-98 "列表框向导"对话框

4）选择数据源，如图 4-99 所示。单击"下一步"按钮。

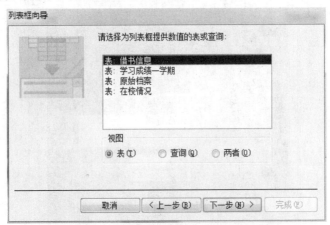

图 4-99 选择数据源

5）出现如图 4-100 所示的窗口，要确定列表框中的值，请选择所有字段。

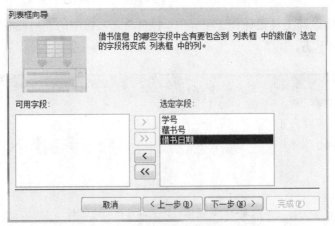

图 4-100 确定列表框中可显示的字段

6）确定列表框中数值的顺序，如图 4-101 所示。单击"下一步"按钮。

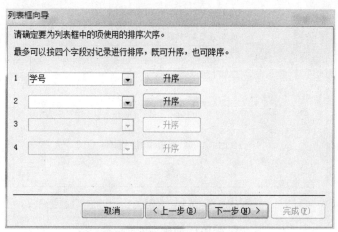

图 4-101 确定列表使用的排序顺序

7) 调整列宽, 单击"下一步"按钮。

8) 确定可用字段, 如图 4-102 所示。单击"下一步"按钮。

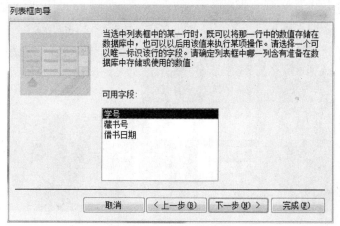

图 4-102 确定可用字段

9) 按图 4-103 所示进行操作, 单击"下一步"按钮。

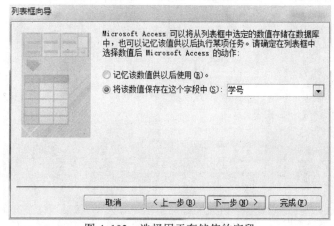

图 4-103 选择用于存储值的字段

10) 为列表框指定标签, 如图 4-104 所示。单击"完成"按钮。

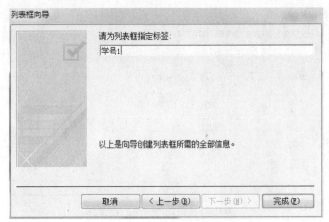

图 4-104　设置列表框标签

11）切换到设计视图，如图 4-105 所示（可将控件标签"学号 1"删掉）。

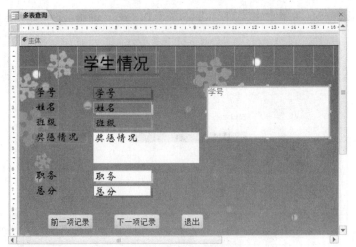

图 4-105　添加列表框的设计视图

12）切换到窗体视图，则修改后的窗体如图 4-106 所示。

图 4-106　修改后的窗体

13）切换到设计视图，为窗体添加一个按钮。

218

14）使用"命令按钮向导"，选择类别为"报表操作"，执行"预览报表"操作，如图4-107所示。

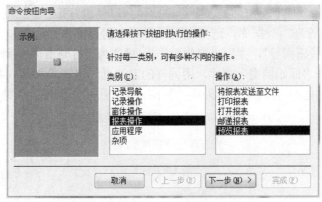

图4-107 "命令按钮向导"对话框

15）单击"下一步"按钮，确定将要预览的报表，如图4-108所示。

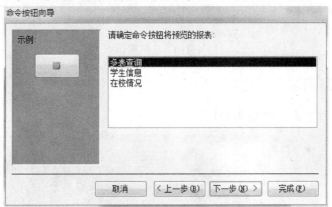

图4-108 确定预览的报表

16）单击"下一步"按钮，选择按钮上显示的文本，单击"完成"按钮。

17）调整"预览报表"按钮的位置，切换到窗体视图，如图4-109所示。

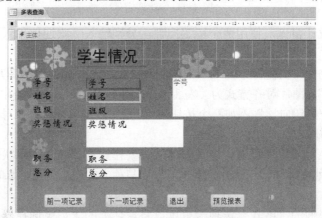

图4-109 修改后的多表查询窗体

18）单击"预览报表"按钮，则可查看"多表查询"报表。保存该窗体。

三、创建导航窗体

目的：切换到各个基本表窗体或多表查询窗体，以便进行操作。

1）打开"学生管理"数据库，选择在设计视图中创建窗体。

2）使用"命令按钮向导"，类别"窗体操作"，操作为"打开窗体"，添加"编辑原始档案窗体"按钮用来打开"原始档案"窗体，用同样的方法再创建 4 个按钮（其中，"关闭"按钮完成关闭该窗体的功能），并设置窗体外观，如图 4-110 所示。保存为"导航"窗体。

图 4-110　导航窗体

四、创建欢迎窗体

体现友好的交互界面，如图 4-111 所示。

图 4-111　欢迎窗体

1）进入窗体设计窗口，使用两个标签控件，分别输入"欢迎使用""学生管理系统"，并排好位置。

2）使用图像控件，在窗体中插入一幅图片，并设置图片属性中的图片类型为"嵌入"，缩放模式为"拉伸"，图片对齐方式为"左上"，如图 4-112 所示，以美化界面。

3）使用"命令按钮向导"添加两个按钮，"确定"按钮用来打开"导航"窗体，"退出"按钮用来结束该窗体。

4）在窗体属性中设置该窗体为模式窗体（只要模式窗体处于显示状态，用户将无法在应用程序中执行其他窗体的任何操作，除非用户以某种方式作出响应，如单击"确定"按钮），如图 4-113 所示。

5）通过窗体属性的"格式"选项卡也可以将窗体上的"记录选择器""分隔线""滚动条""导航按钮"和"最大最小化按钮"禁用，如图 4-114 所示。

6）保存"欢迎"窗体。

图 4-112　图像的属性设置

图 4-113　"全部"选项卡

图 4-114　"格式"选项卡

五、宏

宏是一段自动执行的命令，使用宏可以自动完成一些操作。下面使用宏将"欢迎"窗体设置为启动窗体。

1）打开数据库"学生管理.accdb"，然后选择"创建"选项卡，单击"其他"选项组中的"宏"按钮，出现宏编辑窗口，如图 4-115 所示。

图 4-115　宏编辑窗口

2）单击倒三角形按钮，打开下拉列表，添加宏命令，如图 4-116 所示。

221

图 4-116　添加宏命令

3）在下拉列表中找到"OpenForm"命令，选择窗体名称为"欢迎"，如图 4-117 所示。

4）保存宏，命名为"autoexec"，如图 4-118 所示。

通过这段宏的设置，在打开数据库后，系统将自动打开"欢迎"窗体。

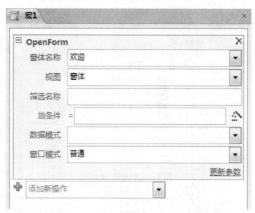

图 4-117　设置宏命令

图 4-118　保存宏

注意：命名为"autoexec"的宏可以在打开数据库后自动执行。

结束语

到此为止，豆子已经初步掌握了 Access 的使用，并创建了一个简单的数据库管理系统。学习贵在应用，希望通过本阶段的学习，大家也能基本掌握数据库的相关操作。

第 5 篇 电子邮件的发送及管理(Outlook 2010)

球球发言

豆子： 我的工作越来越忙，朋友间的见面也越来越少，同学说大家用电子邮件来联络多 好啊。可是我的电子邮箱有几个呀，单独用起来太麻烦了，还是用 Outlook 软件 来管理一下吧，请球球专家来讲解一下 Outlook 2010 都有哪些特点吧。

球球： Outlook 2010 电子邮件通信和个人信息管理软件，能够在同一个界面管理多个邮 箱的电子邮件账户，它的"对话视图"在节省宝贵的收件箱空间的同时，改进了 跟踪和管理电子邮件对话的功能。还可以将较长的电子邮件线程缩略在一个主题 下，从而释放收件箱空间，几次点击即可分类、归档、忽略或清理。使用新增的 邮件提示功能，当用户需要向大型通讯组列表、办公室以外的某人或组织之外的 个人发送电子邮件时，将出现警告。使用电子邮件日历功能，可以帮助用户提示 重要的约会，还可以将计划发送给其他人，以便他人能够快速找到下次约会的时 间。如果外部设备允许，则收件箱可以直接接收语音邮件和传真，并能够使用计 算机、Outlook Mobile 或 Outlook Web Access 在几乎任何地方进行访问。如果用户 使用 Facebook、LinkedIn 或其他类型的社交或商业网络，则可以使用 Outlook 2010 获取有关人的其他信息，如共同的朋友及其他社交信息，并与用户的社交圈和商 业圈保持较好的联系。可以说，Outlook 2010 是现代化生活不可缺少的信息工具。

❖ 本篇重点

1）了解 Outlook 2010 的基本知识，认识其界面。

2）学会在 Outlook 2010 中配置多个电子邮件账户。

3）使用 Outlook 2010 收发电子邮件，对邮件页面进行美化、插入附件。

4）管理邮件。

5）使用日程表进行约会安排、计划工作。

在 Outlook 2010 中设置多个电子邮件账号

【教学指导】

通过在 Outlook 2010 中设置 QQ 邮箱和 126 邮箱账号，讲授电子邮件的传输协议及区别，认识 Outlook 2010 的工作界面及文件、视图功能区的应用，掌握设置电子邮件账号、浏览电子邮件的方法，了解简单的 Outlook 2010 界面组成，使学生掌握 Outlook 2010 的初步使用，理解电子邮件在网络中的传输机制，学会在 Outlook 2010 中设置电子邮件账号。

【学习指导】

任务

听说 Outlook 2010 可以免去每天登录多个邮箱的麻烦，今天要把自己最常用的 QQ 邮箱和 126 邮箱设置到 Outlook 2010 中，并浏览球球主编发给我的邮件，涉及网络的连接知识哦。作为 Office 系列软件中的一员，它的界面一定和前面的 Word、Excel、PPT 等软件非常相似。虽然从未接触过 Outlook 2010，但是我有信心让 Outlook 2010 很好地为我服务！

知识点

一、启动 Outlook 2010

启动 Outlook 2010 的方法与启动其他 Office 软件的方法一致，通过开始菜单或是双击快捷方式都可以启动 Outlook 2010。

二、Outlook 2010 的窗口组成

与其他 Office 软件一样，Outlook 2010 的窗口最上端为快速访问工具栏、当前位置、软件信息以及窗口控制按钮。窗口顶部为功能区，它将常用的命令和按键放在方便使用的地方，下方由各显示窗格组成，如图 5-1 所示。

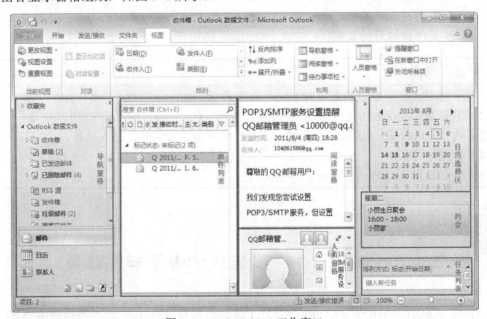

图 5-1　Outlook 2010 工作窗口

单击 按钮隐藏功能区除选项卡名称外所有的内容,再次单击可显示功能区。单击"视图"选项卡中"布局"选项组中的按钮可以打开下拉列表来设置相应窗格的显示或隐藏,让用户能够按照最适合自己的方式来设置 Outlook 工作窗口。

在整个窗口的最下面有两个非常有用的小按钮,左侧 为"正常"视图,图 5-1 即为正常视图;右侧 为"读取"视图,"读取"视图只显示收件箱邮件列表、阅读窗格和人员窗格而不再显示更多内容,如想返回只需单击"正常"视图按钮。

在 Outlook 2010 中按<Alt>键,软件会出现提示,然后只要按想要的功能命令所对应的按键就可以了。

三、电子邮件账号管理

Outlook 2010 对于电子邮件账号的管理主要通过"文件"功能区中的"信息"页面来进行,如图 5-2 所示。

图 5-2 "文件"功能区"信息"选项卡

1)添加账户,依照步骤提示填写账号信息,将已申请使用的电子邮件账号添加到 Outlook 2010。在设置中除了要准确输入账户名称和密码,还要了解所用电子邮件的服务器使用哪种协议。

通常电子邮件在网络中传输要遵从 3 种基本协议:IMAP(Internet Message Access Protocol,互联网邮件访问协议),通过这种协议从邮件服务器上获取邮件的信息、下载邮件等。电子邮件客户端的操作都会反馈到服务器上,用户对邮件进行的操作(如:移动邮件、标记已读等),服务器上的邮件也会做相应的动作。也就是说,IMAP 是"双向"的。IMAP 与 POP 类似,都是一种邮件获取协议。

POP 允许电子邮件客户端下载服务器上的邮件,但是用户在电子邮件客户端的操作(如:移动邮件、标记已读等)是不会反馈到服务器上的,例如,用户通过电子邮件客户端收取了 QQ 邮箱中的 3 封邮件并移动到了其他文件夹,这些移动动作是不会反馈到服务器上的。

SMTP 是简单邮件传输协议。它是一组用于从源地址到目的地址传输邮件的规范,通过它来控制邮件的中转方式。SMTP 协议属于 TCP/IP 协议簇,它帮助每台计算机在发送或中转信件时找到下一个目的地址。

2)账户管理,可以对已添加到 Outlook 2010 的电子邮件账户进行重新配置,新建、修复或删除某个账户信息。

办公软件实训教程

3）清理工具，可管理邮箱的大小、清空已删除项目文件夹或对文件夹进行存档。

4）规则和通知，可通过规则向导来设定，例如，将指定发件人的来信移动到指定文件夹等。

 操作步骤

添加电子邮件账号

1）在 Outlook 2010"文件"功能区"信息"中单击"添加账户"按钮。

2）出现如图 5-3 所示的对话框，默认选择"电子邮件账户"单选按钮，单击"下一步"按钮，弹出如图 5-4 所示的对话框，填写信息添加新账户。

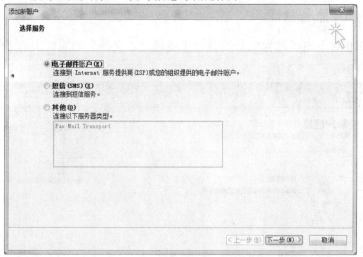

图 5-3　选择服务

图 5-4　添加新账户

提示：此处的密码要填写为 QQ 的登录密码。

如果出现提示信息"连接到服务器时出现问题"，则表明密码填写有错误，需单击"上一步"按钮返回如图 5-4 所示的步骤重新填写。

3）输入正确的信息后，单击图 5-4 中的"下一步"按钮，将出现如图 5-5 所示的对话

226

框，单击"完成"按钮，完成账户设置。

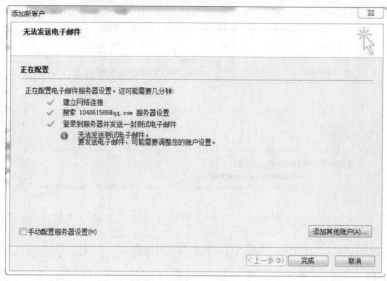

图 5-5 无法发送测试邮件

可以看到提示信息要求调整账户设置，这是怎么回事呢？还要进行怎样的设置呢？
解决这个问题的方法如下。

① 使用网页进入 QQ 邮箱，单击"设置"，在邮箱设置界面选择"账户"标签。
② 进行如图 5-6 所示的设置，并单击"保存更改"按钮，退出邮箱。

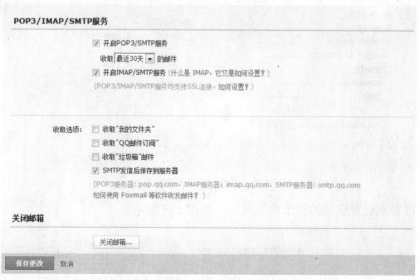

图 5-6 设置 POP3/IMAP/SMTP 服务

4）完成上面的设置后，返回 Outlook 2010，在如图 5-2 所示的窗口中单击"文件"→"信息"→"账户设置"打开账户设置对话框，如图 5-7 所示。

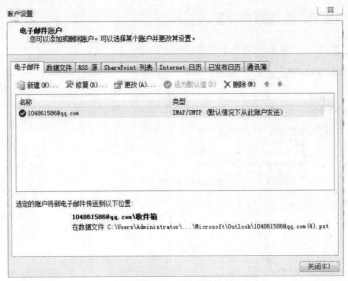

图 5-7　账户设置对话框

5）在对话框中双击邮箱名称，进入 Internet 电子邮件设置对话框，单击"测试账户设置"按钮，如图 5-8 所示。

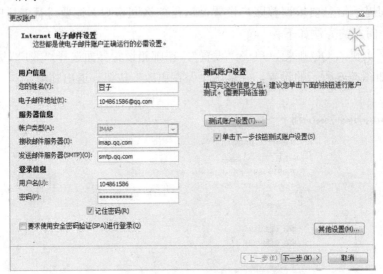

图 5-8　更改账户 Internet 设置

6）可以看到设置成功的提示信息窗口，如图 5-9 所示。

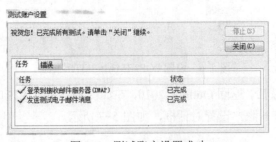

图 5-9　测试账户设置成功

7）现在把对话框关闭，就可以看到 Outlook 2010 软件中显示的邮件内容了。

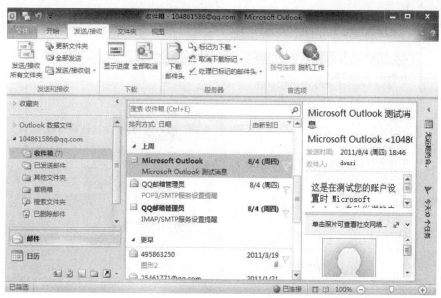

图 5-10　邮箱信息显示

提示：也可以提前在 QQ 邮箱中设置 IMAP 协议，再将 QQ 邮箱账号添加到 Outlook 2010 中。在步骤 3）填写完各参数之后，单击"下一步"按钮，将出现如图 5-11 所示的信息，表明添加账户成功。

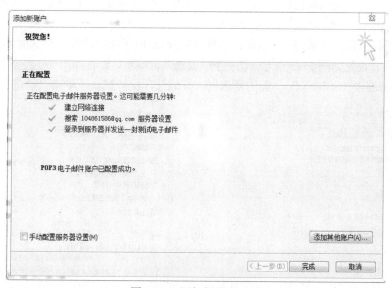

图 5-11　添加新账户成功

使用另外一种方法来添加 126 邮箱账号

1）启动 Outlook 2010，在如图 5-3 所示的对话框中选择"电子邮件账户"。

2）在如图 5-4 所示的对话框中选择"手动配置服务器设置或其他服务器类型"单选按钮，然后单击"下一步"按钮。

3）再次出现如图 5-3 所示的对话框，仍然默认选择"电子邮件账户"单选按钮，单击"下一步"按钮。

4）在如图 5-12 所示的"Internet 电子邮件设置"对话框中填写 126 邮箱的配置信息。

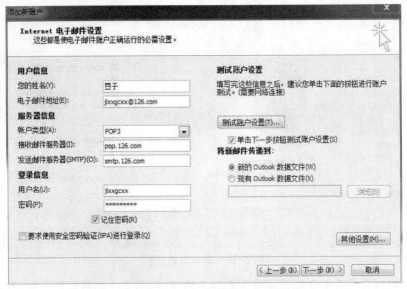

图 5-12　Internet 电子邮件设置

提示：在"登录信息"项中，"用户名"是指邮箱的用户名，如图 5-12 所示的注册的电子邮箱账号为 jlxxgcxx@126.com，那么"用户名"就应该填 jlxxgcxx，"密码"填该邮箱的登录密码。

5）单击"其他设置（M）…"按钮，出现"Internet 电子邮件设置"对话框，切换到"发送服务器"标签页，设置如图 5-13 所示。切换到"高级"标签页，设置如图 5-14 所示，即选中"此服务器要求加密连接（SSL）（E）"前的复选框，其他选项保持默认，单击"确定"按钮。

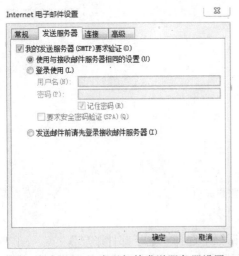

图 5-13　Internet 电子邮件发送服务器设置

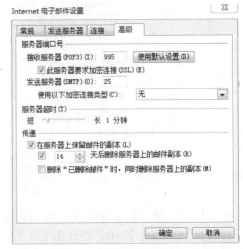

图 5-14　Internet 电子邮件高级设置

6）完成操作后，回到如图 5-12 所示的对话框，单击"下一步"按钮。提示邮箱设置成

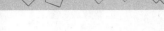

功，如图 5-15 所示。

图 5-15　邮箱设置成功

我来试一试

1）把自己常用的 QQ 邮箱添加到 Outlook 2010 中。

2）申请一个以自己名字_学号为账号的 126 邮箱（如 liming_0166@126.com）。

3）将 126 邮箱添加到 Outlook 2010 中。

4）将一个 Sohu 邮箱添加到 Outlook 2010 中，查看账户信息，之后将其删除。

我来归纳

如果想把已有的电子邮箱账号中的邮件添加到 Outlook 2010 中，就需要了解这个邮箱所使用的传输协议。目前常用的是 POP3、SMTP 和 IMAP 三种。进入电子邮箱后可在设置账户中开启 POP3/SMTP 服务或者 IMAP/SMTP 服务。通过 Outlook 2010 "文件" 功能区中的 "账号设置" 按钮打开 "账号设置" 对话框，可以对账号进行添加、修改及删除操作。每个邮箱中的邮件信息将保存在本地磁盘指定的文件中，文件名及位置也可以在 "账号设置" 对话框中查看和修改。

案例 2　在 Outlook 2010 中添加并管理联系人

【教学指导】

在 Outlook 2010 中添加收发邮件的联系人，并对联系人进行编辑修改、分组或是删除错误的联系人，发送邮件时可快速方便地找到对方。进一步了解 Outlook 2010 "文件" 功能区的使用方法。

【学习指导】

任务

邮箱设置完成，但是 Outlook 2010 中如果每次发送邮件都要输入收件人地址就太麻烦了，怎样才能把邮箱里所有的联系人添加到 Outlook 2010 中随时进行选择呢？今天就来学习一下吧。

知识点

一、自动添加联系人

在"文件"功能区中单击"选项"，在"选项"窗口中选择"联系人"页面，选中"自动将不属于 Outlook 通讯簿的收件人创建为 Outlook 联系人"项，那么只要是在 Outlook 2010 使用中发送过的邮件地址就会自动保存到联系人中。还可以通过新建和导入来添加联系人，方便收发电子邮件，如图 5-16 所示。

图 5-16 自动添加联系人

二、新建联系人

1）在 Outlook 2010 中，选中"邮件"双击进入邮件阅读窗口，选择发件人并单击鼠标右键，在弹出的快捷菜单中选择"添加到 Outlook 联系人"命令。

2）在弹出的联系人编辑窗口对联系人信息进行补充和修改，如图 5-17 所示，单击窗口中黑色框线区域可以改变联系人头像等。

3）设置完成后，单击"联系人"选项卡中"动作"选项组中的"保存并关闭"按钮，则关闭联系人编辑窗口。

4）如果该联系人已经存在于"联系人"文件夹中，则出现如图 5-18 所示的窗口。

图 5-17　编辑联系人

图 5-18　联系人已存在

5）步骤 2）设置完成后，如果需要再添加新联系人，单击"保存并新建"按钮，则打开信息完全空白的联系人编辑窗口，通过手动录入来设置相关内容。

三、导入联系人

Outlook 2010 软件可以设置多个邮箱，每个邮箱都有多个联系人，使用新建联系人的方式非常麻烦，下面以 QQ 邮箱为例介绍联系人导入并管理的方法。

1）在电子邮箱中将联系人名单导出，如图 5-19 所示，单击"导出邮箱联系人"，导出联系人文件"address.csv"，在图 5-20 中单击"立即导出"按钮。

2）在文件下载提示框中单击"保存"按钮，弹出"另存为"对话框，设置保存位置，保存 CSV 文件。

3）在 Outlook 2010"文件"功能区中选择"打开"页面，选择"导入"命令，出现如图 5-21 所示的"导入和导出向导"对话框。

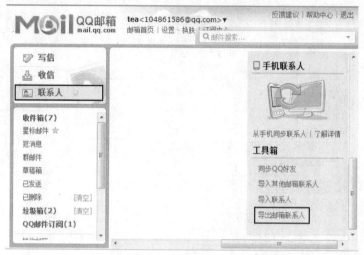

图 5-19　导出联系人

图 5-20　导出 CSV 文件

4）在对话框中选择"从另一程序或文件导入"，单击"下一步"按钮。在图 5-22 中选择"逗号分隔的值（Windows）"，单击"下一步"按钮。

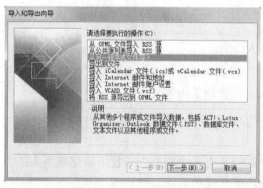

图 5-21　导入联系人

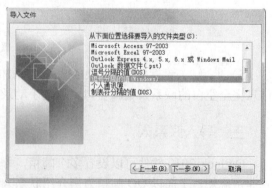

图 5-22　导入文件类型

5）在图 5-23 中单击"浏览"按钮，选择已保存的 CSV 文件。根据 Outlook 2010 已有的联系人内容选择是否重复或替换项目，在此例中选择"不导入重复的项目"，单击"下一步"按钮。

6）在如图 5-24 所示的对话框中，选择目标文件夹为相应邮箱账号的"联系人"。

图 5-23　导入文件　　　　　　　　　　图 5-24　选择目标文件夹

7）单击"下一步"按钮，出现如图 5-25 所示的对话框，单击"完成"按钮，联系人导入完成。在导航窗格中单击"联系人"，可以看到联系人在窗口中显示，如图 5-26 所示。

图 5-25　选择目标文件夹

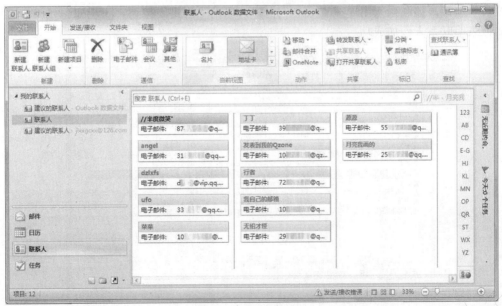

图 5-26　显示联系人

四、联系人分组

1）在图 5-26 中单击"新建联系人组" 按钮，进入编辑联系人组窗口，在"名称"栏中输入分组名称。在"联系人组"功能区单击"添加成员"按钮，在下拉列表中选择"来自Outlook 联系人"，如图 5-27 所示。

图 5-27　编辑联系人组

2）在弹出的选择成员窗口中选择对应的联系人，如图 5-28 所示。双击该联系人或单击"成员"按钮，该联系人出现在"成员"框中，单击"确定"按钮，出现如图 5-29 所示的窗口，表明联系人添加成功。

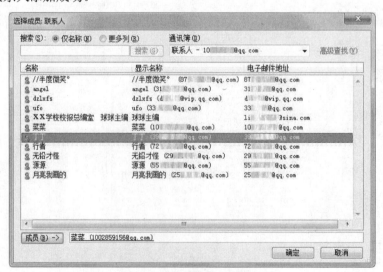

图 5-28　选择联系人组成员

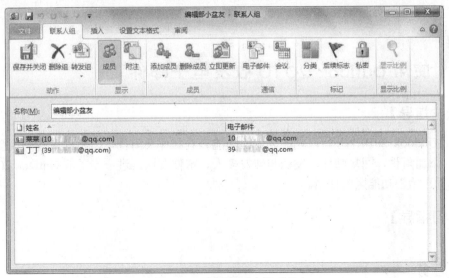

图 5-29 编辑联系人组成员

3）在图 5-29 中可以看到功能区中有"保存并关闭""删除组""添加成员""删除成员""立即更新"按钮，分别对应保存分组并关闭当前窗口、继续添加新成员、将选中成员从组中删除、将联系人分组情况更新到邮箱服务器的功能。

4）单击"保存并关闭"按钮，可以在如图 5-26 所示的联系人窗口中看到已添加成功的分组。

 操作步骤

1）启动 Outlook 2010。

2）新建联系人到指定的账号中。

3）导出并保存 QQ 邮箱联系人文件为 CSV 文件。

4）将保存的 CSV 文件导入到 Outlook 客户端。

5）将联系人按朋友、同学进行分组编辑。

6）删除已添加的 126 电子邮箱。

 我来试一试

1）启动 Outlook 2010。

2）新建联系人，将教师邮箱地址及 lianxi@163.com 添加到学生的 Outlook 账户中。

3）将学生个人邮箱（QQ 邮箱即可）的联系人导入到 Outlook 客户端。

4）将 QQ 邮箱账号中对应的联系人分为同学和朋友两组。

5）将联系人 lianxi@163.com 删除。

 我来归纳

联系人的添加可以单个输入，也可以根据文件来进行批量导入。添加后的联系人可以进行编辑分组及删除。

使用 Outlook 2010 收发电子邮件

【教学指导】

使用 Outlook 2010 "开始"功能区中的功能查看邮件及附件，将附件下载到硬盘，编辑新邮件，添加附件，回复邮件，发送与转发多人、密件发送，进一步了解 Outlook 2010 窗口的组成、"开始"功能区的使用。

【学习指导】

任务

球球说发了邮件给我，底稿和样图已经发到我的 QQ 邮箱里，要我假期完成后再分别发给他和学长检查。

知识点

一、接收阅读邮件

单击导航窗格中的"邮件"将显示设置成功的电子邮箱账号，选择对应账户的收件箱，点击对应的邮件，在阅读窗格中可以直接阅读邮件，如图 5-30 所示，或者双击邮件名进入邮件阅读窗口，如图 5-31 所示。

如果没有显示最新邮件，则可以单击快速访问工具栏中的 🔁 或单击"开始"功能区中的 按钮或按<F9>快捷键，执行发送/接收所有文件夹命令；在"发送/接收"功能区中单击 更新文件夹 按钮（此命令只更新当前所选账号的指定文件夹）。这些访问邮件服务器的操作，将服务器最新收到的邮件接收到 Outlook 2010 客户端，或将客户端所做的操作同步到服务器。

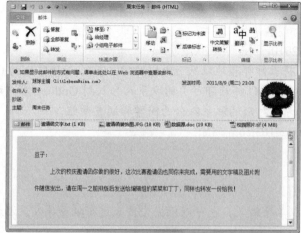

图 5-30　邮件阅读

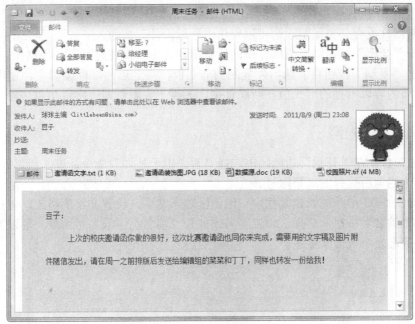

图 5-31　邮件阅读窗口

二、附件操作

当点击附件名称时，不需要下载或打开附件，在阅读窗格中可以看到附件的内容，同时，Outlook 2010 会自动进入"附件"功能区，如图 5-32 所示。

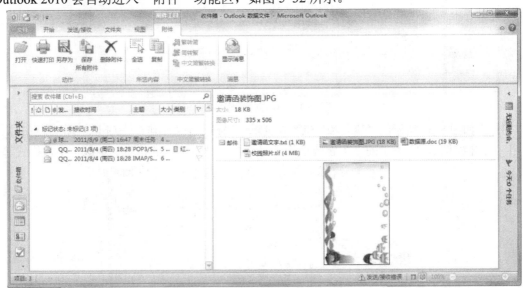

图 5-32　附件阅读

1）"附件"功能区的"打开"按钮可以将附件以系统中对应的默认程序打开，例如，图 5-32 中的图片附件将在 Windows 照片查看器中打开浏览。

2）如果当前计算机已连接打印机，那么单击"快速打印"按钮将会直接将附件，内容打印。

3）单击"另存为"按钮会将指定附件下载到硬盘，单击"保存所有附件"按钮将当前邮件中所有附件下载到硬盘。

　　4）如果附件没有必要保留，则可以单击"删除附件"按钮。

　　5）单击"全选"按钮将当前邮件中的所有附件选中，以便进行下一步操作。

　　6）单击"复制"按钮将所选附件复制到剪贴板，在之后的邮件编辑中，使用"粘贴"命令可以将该内容以附件的形式放在新邮件中，无需下载附件即可实现信息传输。

三、编辑邮件内容

　　1）新建邮件，在"开始"功能区中选择"新建电子邮件"命令，进入新邮件编辑窗口，发件人默认为当前所选择的邮箱账号。

　　2）在如图 5-33 所示的新建邮件窗口编辑区输入文字，设置文字的格式，单击"邮件"功能区中的"签名"按钮，选择已设置签名或打开"签名及信纸"对话框，可以为邮件添加或编辑邮件签名及个人信纸主题。

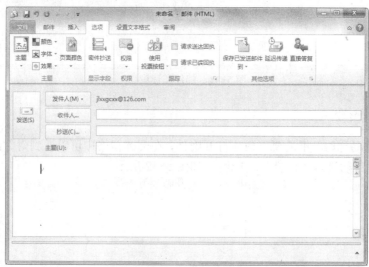

图 5-33　新邮件编辑窗口

　　3）在如图 5-34 所示的"签名和信纸"对话框中选择"个人信纸"选项卡，单击 主题(T) 按钮，打开如图 5-35 所示的"主题或信纸"对话框，设定邮件的信纸、主题、字体格式等。

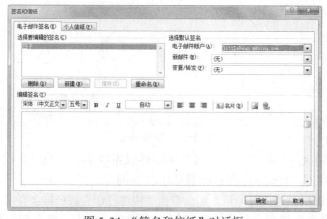

图 5-34　"签名和信纸"对话框

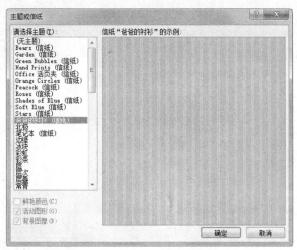

图 5-35 "主题或信纸"对话框

4）通过"插入"功能区插入名片、附件、表格、图片、剪贴画、艺术字、自选图形、文本框、特殊符号和公式编辑等。

5）邮件中插入的对象也可以进行格式设置，其操作与在 Word 中基本一致，以图片的艺术效果为例（或者双击选中对象，自动显示对应的功能区），如图 5-36 所示。

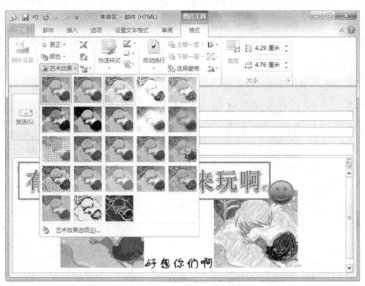

图 5-36 图片艺术效果

6）在"选项"功能区中也可以设置邮件显示的主题、背景图案及颜色，可以对照 Word 软件中的操作进行学习。

四、添加、删除附件

1）添加附件，在"插入"或"邮件"功能区单击 附加文件 按钮，打开"插入文件"对话框，找到要添加的附件文件，如图 5-37 所示。

图 5-37 "插入文件"对话框

2）单击"插入"按钮，对应的文件即作为附件插入到邮件中。

3）如果把已收到邮件中的附件进行复制，单击"邮件"功能区中的"粘贴"按钮，则被复制的附件仍以附件的形式加入到当前邮件中。

4）附件的大小不要超过所用邮箱服务器所限定的大小，否则将无法发送，文件夹最好做成压缩文件后再上传。

5）如果想删除已添加的附件，则可以单击选中该附件名称后按<Delete>键。

五、发送邮件

邮件编辑完成后，单击"发送"按钮可以向收件人以及抄送人发送相同的邮件，且收信人之间可以看到还有哪些人收到此邮件。

1）单击 发件人(M) · 按钮打开下拉列表，给出当前 Outlook 2010 客户端已设置的各邮箱账号，单击选择可以改变发送邮件邮箱的账号。

2）单击 收件人... 按钮，可以在联系人对话框中选择收件人，如图 5-38 所示。

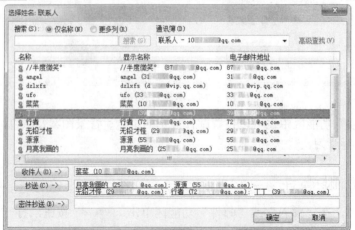

图 5-38 "选择姓名：联系人"对话框

3）如果将一个联系人组添加到收件人，则该组内的所有成员都将收到此邮件。在图 5-39 中点击组名前的 ⊞ 将展开显示组内人员名称。

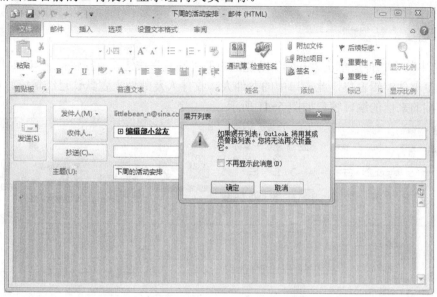

图 5-39　添加联系人组

4）如果不想让某些收信人被其他收信者知道，则可以在"选项"功能区选择"密件抄送"，密件抄送联系人的添加方式与抄送相同。

5）如果想把已添加的收件人删除，则只要选中该联系人使其变为蓝色，按<Delete>键即可。

6）"选项"功能区中的"权限"按钮，可以限定收件人是否可以转发本邮件给他人。

7）在"选项"功能区单击 ，打开邮件"属性"对话框，如图 5-40 所示。"安全设置"将改变邮件的加密方式，提高邮件内容的安全性；"使用投票按钮"将使收件人直接以投票的形式表达对所接收到邮件中传达的意见是否赞同；请求送达及已读回执，则是根据对方是否接收到此邮件、是否阅读此邮件来回执信息；"保存已发送邮件的副本"可以将本邮件在发送的同时保存到 Outlook 2010 的指定文件夹中；"传递不早于"可以限定邮件的发送时间。

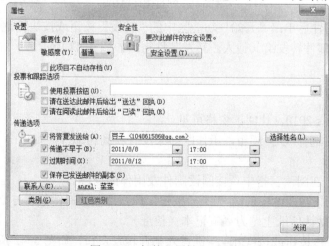

图 5-40　邮件"属性"对话框

8）邮件编辑完成后，单击"发送"按钮发送邮件。

六、回复、转发邮件

1）选中某个邮件后单击"开始"功能区中的"答复"按钮，或按快捷键<Ctrl+R>，都可以打开回复邮件编辑窗口，此窗口中的发件人、收件人及邮件主题默认已经填好。例如，回复球球主编的来信的编辑窗口如图 5-41 所示。

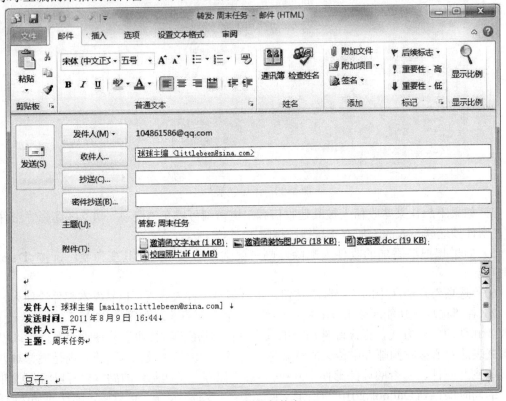

图 5-41　回复邮件窗口

2）选中某个邮件后单击"开始"功能区中的"转发"按钮或按快捷键<Ctrl+F>，则可以将指定的已收到的邮件转发给其他人。转发邮件窗口如图 5-42 所示。

 操作步骤

1）启动 Outlook 2010，让阅读窗格可见。

2）在导航窗格选择 QQ 邮箱，工作区如果没有收到新邮件，则单击"接收发送邮件"按钮更新文件夹。

3）点击邮件，在阅读窗格中直接阅读邮件及附件的内容。

4）单击"插入"功能区中的 签名 按钮，打开"电子邮件签名与个人信纸"对话框，设置自己的签名，默认信纸主题为"笔记本（信纸）"。

5）单击"转发"按钮或按<Ctrl+F>键进入邮件转发窗口，如图 5-42 所示。单击"抄收"

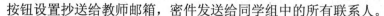

按钮设置抄送给教师邮箱，密件发送给同学组中的所有联系人。

6）在"选项"功能区，设置"请求送达回执"和"请求已读回执"。

7）单击"发送"按钮，发送邮件。

8）回复收到的邮件，编辑内容，在"选项"功能区选择"页面颜色"→"主题颜色"，设置邮件背景颜色为"红色淡色 60%"，底纹插入艺术字，设置阅读回复，发送，检查对方何时阅读邮件。

9）新建邮件，主题为"节日快乐"，在"选项"功能区选择"页面颜色"→"填充效果"，设置邮件背景图片，密件发送同学组联系人。

10）新建邮件，邮件主题为"上周作业"，设置信纸主题为"爸爸的衬衫"，插入剪贴画，并把 Word 文档作为附件上传，签名设置为自己的姓名，发送到教师邮箱。

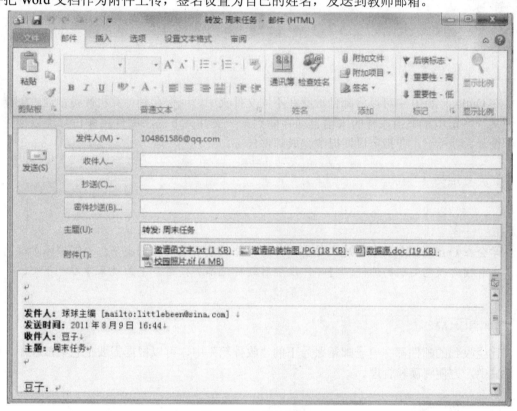

图 5-42　转发邮件窗口

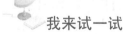 我来试一试

1）发送一封主题为"假期我去了这些地方"的邮件，用艺术字写出去过的地点，添加星形自选图形，将两张照片压缩成 RAR 文件作为附件发送给全班同学和老师。

2）在所收到的邮件中选中一人回复他的邮件。

3）将所收到的邮件中最喜欢的一封转发给全班同学。

4）将所收到的邮件中的图片附件下载到硬盘D盘中文件夹名为"好玩的地方"的文件夹。

我来归纳

接收邮件阅读邮件的窗口也可以预览附件内容，附件复制粘贴后不需要下载到本地电脑就能发送给其他人；邮件的内容非常丰富，Word 文档能插入设置的对象同样适用于 Outlook 2010；发送邮件的收件人不一定是唯一的，可以添加很多人或整个联系人组，如果想要他们互相不知道对方收到此邮件则需要选择密件发送。

案例 4 在 Outlook 2010 中管理邮件和约会

【教学指导】

在 Outlook 2010 中可以将邮件放置在不同文件夹中，或保存到计算机硬盘；通过创建规则使某一特定电子邮箱账号的来信自动存储到某一文件夹下；将邮件用颜色分类以便于查找；设置后续标记，在指定日期提醒完成邮件任务。

【学习指导】

任务

学会在 Outlook 2010 中新建文件夹，并将邮件放于不同的文件夹下；给邮件添加颜色标记，查看指定颜色类别的邮件；将邮件设置后续标记添加提醒。下面就来学习一下吧。

知识点

已经收到的邮件都在电子邮箱账号下的"收件箱"中，可以根据需要把它们放在不同的文件夹中，方便阅读和管理。

一、邮件管理

1）新建文件夹，在导航窗格中，已经有系统默认给出的文件夹，还可以根据需要添加新的文件夹来管理。在文件夹功能区单击"新建文件夹"按钮，或是在目标位置单击鼠标右键，在弹出的菜单中选择"新建文件夹"命令，在"新建文件夹"对话框中设置文件夹名称及位置，如图 5-43 所示。名称为"存档"，单击"确定"按钮后在导航窗格中可以看到对应位置上出现文件夹。

2）移动邮件，选中邮件后单击"开始"功能区中的 移动 ▼ 按钮，在下拉列表中选择目标文件夹或 其他文件夹(O)... 命令打开"移动项目"对话框，在对话框中选定目标文件夹，如图 5-44 所示。也可以用鼠标直接拖动邮件到导航窗格中目标文件夹图标上，则该邮件从原位置移动到指定的文件夹中。

图 5-43　"新建文件夹"对话框

图 5-44　"移动项目"对话框

3）用同样的方法也可以删除邮件（即将邮件拖动到"已删除邮件"文件夹中或在"移动项目"对话框中选择目标文件夹为"已删除邮件"）；也可以先选中邮件再单击"删除"按钮或按<Delete>键。

提示：只有在"已删除邮件"文件夹中将该邮件删除，或清空"已删除邮件"文件夹（将之前所有删除的邮件彻底删除），邮件才真正被删除，不再占用存储空间。

二、创建规则

将球球主编发过来的邮件都自动转移到指定文件夹中。

1）选中球球主编的邮件后，单击"开始"功能区中的 规则 按钮，在下拉列表中选择"总是移动来自此人的邮件：球球主编"命令，弹出"规则和通知"对话框，如图 5-45 所示。

2）选择"主编来信"文件夹，单击"确定"按钮，那么此操作后所有球球的来信将自动保存在这个文件夹中，不需要单独操作（"主编来信"文件夹可以通过单击对话框的"新建"按钮打开"新建文件夹"对话框进行创建）。

图 5-45　"规则和通知"对话框

三、邮件分类

在"开始"功能区中单击"标记"按钮，或点击邮件后用鼠标右键菜单操作。有 3 种分类方式。

1）未读/已读标记，将邮件设置为未读可以提示用户重新浏览邮件，或设为已读而无须再浪费精力。

2）分类，即按颜色将选定邮件进行分类标记。

3）后续标志，有时候收到的邮件不能马上处理，为防止忘记，可以为邮件设置任务，例如，设置邮件标志为 今天 。

分类查看邮件，在"视图"功能区将"待办事项栏"中的 ✓ 任务列表 选中，可以看到软件右侧任务列表窗格中显示所设置的邮件，提示今天所做的事项。点击其中的邮件，自动打开"任务列表"功能区，可以查看其他日期任务或类别邮件，如图 5-46 所示。

图 5-46　查看任务列表

四、电子邮件筛选

单击"开始"功能区的 筛选电子邮件 按钮，可以在窗格中看到指定条件的邮件，同时自动进入"搜索"功能区。

1）单击 筛选电子邮件 按钮，选择 有附件(H) 命令查看带有附件的邮件，如图 5-47 所示。

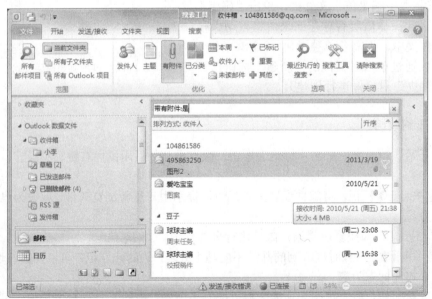

图 5-47　查看带有附件的邮件

2）如果在已经筛选出的结果中继续单击"开始"功能区中的 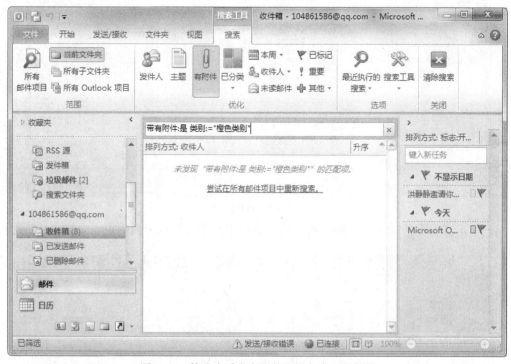 筛选电子邮件 ▼ 按钮，或在"搜索"功能区直接单击对应条件的按钮，那么将在原有筛选条件的基础上进行再次筛选。例如，在图 5-47 中单击"已分类"下拉列表中选择 ▢ 橙色类别，结果显示为无，即在带有附件的邮件中并没有标记为橙色类别的邮件，如图 5-48 所示。

3）清除筛选结果，单击"清除搜索"按钮，则不再有筛选条件的限制，显示全部邮件。

图 5-48　筛选查看带有附件及橙色类别的邮件

五、邮件保存

邮件将被保存到硬盘中，方便离线状态下使用邮件。

1）双击打开邮件，在邮件窗口中单击"文件"功能区打开信息页面，单击 ▤ 保存 按钮，将当前邮件直接保存到系统默认的邮件存储位置。

2）单击 ▣ 另存为 按钮，在弹出的"另存为"对话框中选择位置，默认文件名为"邮件主题.msg"。

3）如果想打开已保存的邮件，在硬盘上找到 MSG 文件，则双击即在 Outlook 2010 中打开邮件阅读窗口。

六、约会管理

1）新建约会，在"开始"功能区单击"新建项目"按钮，在下拉列表中选择 ▦ 约会(A)。

2）打开新建约会窗口，输入主题、地点，设定日期与时间，如图 5-49 所示。

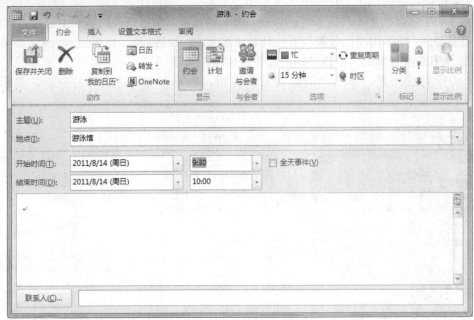

图 5-49　新建约会

3）单击"保存并关闭"按钮，右侧约会窗格中显示近期约会及时间，如图 5-50 所示。

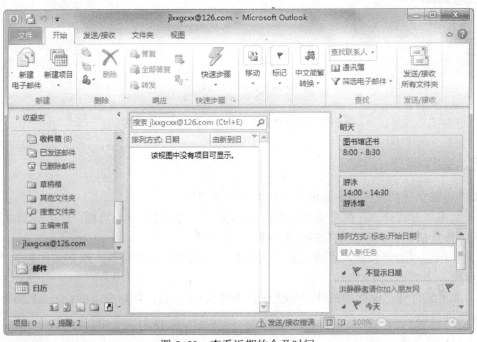

图 5-50　查看近期约会及时间

4）在约会编辑窗口中可以插入图片及艺术字等对象，单击  按钮将约会转发给他人，如图 5-51 所示。进入转发邮件窗口，在转发邮件窗口中，可以看到约会作为附件随邮件发送，如图 5-52 所示。

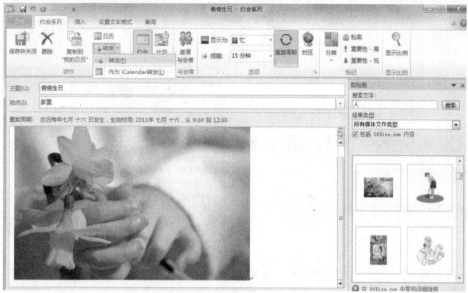

图 5-51　转发约会 1

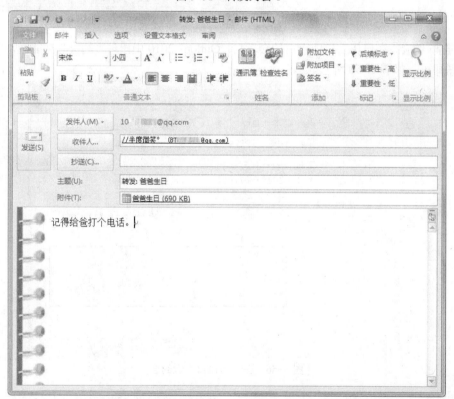

图 5-52　转发约会 2

5）在"约会系列"功能区中设置约会提醒时间，提前两天弹出约会提醒窗口，如图 5-53 所示。可在此选择消除提醒或打开项目查看内容，或稍后提醒。在图 5-54 中显示约会提醒。

6）设置重复约会，单击"重复周期"按钮，指定同一约会的周期，例如，设定每年农历七月十六为爸爸生日，如图 5-55 所示。

图 5-53　设置约会提醒

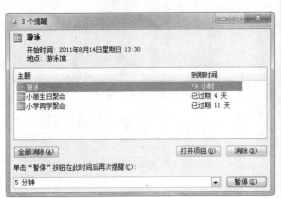

图 5-54　约会提醒

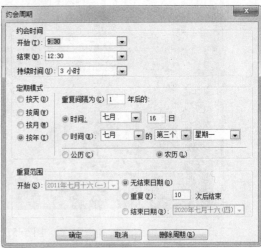

图 5-55　约会周期设置

7）删除约会，在日历窗口中点击约会项目，Outlook 2010 中出现"约会"功能区，单击"删除"按钮即可，如图 5-56 所示。

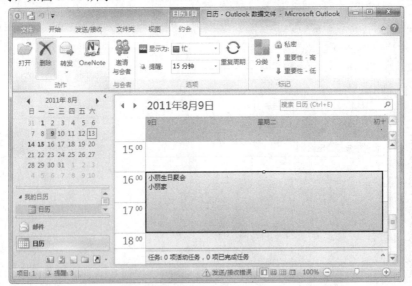

图 5-56　在日历窗口查看约会

操作步骤

1）启动 Outlook 2010，让阅读窗格可见。

2）在导航窗格中选择 QQ 邮箱，将收到的邮件中主题为"假期我去了这些地方"的邮件标记为红色。

3）筛选电子邮件，只看标记为红色的邮件。

4）在导航窗格中，点击 Outlook 数据文件中的"收件箱"，并单击鼠标右键新建文件夹，名称为"小李"。

5）选中某同学的来信，如从地址 limiang_0166@126.com 的来信。在"开始"功能区单击"规则"按钮，设置"总是移动此人邮件 limiang_0166@126.com 到" Outlook 数据文件收件箱下的"小李"文件夹。

6）移动邮件，将收到主题为"节日快乐"的邮件，通过按钮命令或鼠标拖动的方法全部移动到"节日祝福"文件夹下。

7）将"教师测试来信"保存到桌面，命名为"teacher.msg"。

8）把教师发送的作业邮件设置为后续标记，日期为"今天"。

9）添加周六社会活动约会，时间为 8:30～11:00，提示时间为提前两天。

10）将周六活动的约会转发给同学组联系人。

我来试一试

1）对邮箱中的邮件进行颜色标记，并只查看某一种颜色的邮件。

2）为作业邮件设置后续标记为"今天"，并打开待办事项中的"任务列表"窗口，查看"今天"任务（按<PrintScreen>键截图，保存为"1.jpg"）。

3）对邮箱中的邮件进行分类，放置到不同的文件夹中（按<PrintScreen>键截图，保存为"2.jpg"）。

4）将所收到的邮件进行分类，将所有同学发来的邮件加为红色标记（按<PrintScreen>键截图，保存为"3.jpg"）。

5）筛选只显示红色标记的邮件（按<PrintScreen>键截图，保存为"4.jpg"）。

6）将好朋友的生日设置为约会，提前一天提醒（按<PrintScreen>键截图，保存为"5.jpg"）。

7）将 Outlook 2010 操作的截图图片打包成 RAR 文件发送给老师，邮件主题为"作业截图"。

8）将作业邮件保存到桌面，命名为"作业.msg"。

我来归纳

在 Outlook 2010 中新建文件夹，并把邮件移动到文件夹中分别管理；建立一个规则让某一邮箱账号的来信自动存储到指定文件夹中，而不再需要单个移动邮件；为邮件分类，方便筛选查看只符合一定条件的邮件，并且可以提醒我在限定的日期完成邮件任务。

参 考 文 献

[1] Time 创作室. PowerPoint 2000[M]. 北京：人民邮电出版社，1999.

[2] 龙腾科技. 中文版 Office 2003 三合一[M]. 北京：希望电子出版社，2005.

[3] 宋希博，王茹. 中文 Access 2002 完全教程[M]. 北京：希望电子出版社，2002.